国 家 自 然 科 学 基 金 项 目 （编号：51974226）
陕 西 省 自 然 科 学 基 础 研 究 计 划 项 目 （编号：2019JM－351）
河南省矿产资源绿色高效开采与综合利用重点实验室开放基金（编号：KCF202001）

矿 山 技 术 与 管 理 论 丛

急倾斜煤层充填开采围岩变形机理及覆岩运移规律研究

吕文玉　于健浩　著

U0271136

应 急 管 理 出 版 社

· 北 京 ·

内 容 提 要

　　本书重点阐述了急倾斜煤层充填开采造成的围岩变形和覆岩运移规律，在对急倾斜煤层充填开采方法分析的基础上，建立了充填开采方法适用性评价模型，并对急倾斜煤层长壁充填采场围岩应力场、位移场和破坏场的变化规律，以及在不同充填条件下覆岩结构稳定性和地表沉陷规律进行了深入的研究。本书第6章较为详细的介绍了急倾斜煤层充填开采在木城涧煤矿的工程应用情况，提出了急倾斜煤层充填开采的充填方法、充填工艺以及配套设备等成套安全高效充填开采技术。

　　本书可供矿业工程、地下工程等相关专业的科研人员、工程技术人员和广大研究生参考借鉴。

前　　言

随着我国经济进步和社会发展，浅层煤开采产量无法满足需求，煤炭的开采不得不转向一些开采难度大、开采过程中受采动影响易造成地表沉陷的煤层，因此需要选择合理的开采技术和回采工艺，既能保证最大限度回收煤炭资源，又能减轻地表变形，保护地表免受采动影响。充填开采能够在保证煤炭资源回收率、提高煤炭产量的同时，最大程度的减轻地表沉陷，降低地表变形对建筑物的影响。因此充填开采方法在煤矿"三下"开采领域得到广泛应用，很好的解决了地表沉陷问题。

急倾斜煤层充填开采优势包括：可以有效的控制煤层顶底板移动变形，特别是在近距离煤层开采中使邻近煤层不受破坏；减少煤柱损失，能有效地防止采空区自燃发火；结合用钻孔抽放邻近层卸压瓦斯措施，保证解放层正常开采；减小围岩移动，坑木消耗低，掘进率降低一半，减轻地面塌陷危害。但由于急倾斜煤层特殊的地质构造，急倾斜煤层充填开采方法在煤矿开采中应用较少，没有形成系统的理论和方法，不能有效的指导实践。因此，深入研究急倾斜煤层充填开采方法以及充填开采后围岩移动规律和覆岩运移特征对丰富急倾斜煤层开采方法和开采沉陷理论、完善充填开采技术体系具有较强的理论意义和实际意义，对相似条件下急倾斜煤层充填开采的研究与应用具有重要的借鉴意义。

通过离散元软件研究不同充填距离时采空区矸石的下沉特点，提出了最佳充填距离的概念，并得出最佳充填距离与工作面初始垂高、工作面推进距离、工作面伪斜角、斜坡运输巷倾角以及尾轮移动距离之间的关系不等式，为充填距离的合理选择提供理论指导。结果表明，急倾斜煤层充填开采顶板不会出现大面积垮落，可以减缓上覆岩层的移动速度和变形量，顶板岩层的移动形式以岩层弯曲、离层为主。充填开采由于支撑压力区位置的转移，可以有效减弱采区巷道围岩的移动变形程度，有利于巷道的维护。充填率可以改变采场整体稳定程度，充填率越高，采场越稳定，围岩支撑压力区面积越小；充填体强度的增加可以提高充填体承载围岩和吸收应力的能力，减小围岩受平衡力扰动的程度。通过对应用效果及现场实测结果进行分析，斜坡柔性掩护支架充填采煤法取得了较好的应用效果，基本实现了采充平衡，虽然后期出现矸石下沉缓慢的问题，但整体效果依然较好。通过运用理论分析和有限元软件研究单一变量的方法，对不同充填比、煤层倾角和工作面长度等条件下顶板岩层及覆岩运移规律、应力场特征和破坏场分布范围进行研究。

本书的出版得到了国家自然科学基金项目（编号：51974226）陕西省自然科学基础研究计划项目（编号：2019JM－351）和河南省矿产资源绿色高效开采与综合利用重点实验室开放基金（编号：KCF202001）的资助。

由于作者水平有限，书中难免有不当和不足之处，衷心希望读者批评指正。同时向所有参阅文献的作者表示崇高感谢。

著 者

2020 年 12 月

目　　录

第一章　绪　　论

第一节　煤矿充填开采技术研究现状

一、煤矿充填开采技术发展历程

在国外，充填开采技术应用较早，已有上百年的时间。先后经历了废石干式充填、水砂充填、低浓度胶结充填、高浓度胶结充填（膏体、似膏体充填）4 个发展阶段。20 世纪 80 年代初，加拿大金属矿山地下开采中，用充填法的占比为 35%～40%；1985—1991 年，加拿大在充填材料、充填工艺方面的研究取得了很大的成就；到现在为止，加拿大地下矿山几乎都采用充填工艺。20 世纪 30 年代，美国在一些矿山中开始使用废石充填；到 20 世纪 40—50 年代，由于充填料输送方式的改变，美国逐渐用水砂充填代替废石充填；自 20 世纪 80 年代之后，开始使用分层采矿方法。德国在过去的几年间发明了不同的胶结充填采矿系统，其中比较典型的矿井有 Rammelsberg 铅锌矿、Meggen 铅锌矿、Bedground 铅锌矿等。南非的许多矿山自 20 世纪 80 年代初期开始应用胶结充填工艺，整个 80 年代是南非充填工艺发展最快的时期，并开始进行高浓度管道充填和膏体充填的研究和应用。澳大利亚的地下有色金属矿山多采用充填法开采；瑞典的布利登有色金属公司 70% 的矿山是用充填法开采的。苏联截至 1981 年地下有色金属矿山充填法的占比为 24.2%，1970 年，克里沃罗格铁矿区用充填法开采铁矿仅占地下采出铁矿石的 0.8%，到 1980 年已达 6.4%。日本金属矿山使用充填法的比重亦是逐年上升的：1956 年为 24.5%，1967 年为 3.2%，1970 年为 39%，1982 年为 43%。

在我国，许多矿区"老龄化"严重，矿井面临无煤可采的境地，为了延长矿井的服务年限，只能将弃采的"三下"压煤重新进行回收，充填开采技术在这一过程中得到不断发展和完善。充填开采技术在国外应用较早，为了满足采矿工业的发展需要，出现了最早的充填方式，即将矿山开采中所产生的废料充填至井下，但起初只是为了减少废料外排，并没有控制岩层移动、减小地表下沉的需要。1915年，澳大利亚的塔斯马尼亚芒特莱尔矿和北莱尔矿根据自身情况，采用废石充填采空区，这是最早的真正意义上的充填开采。随后波兰、德国、法国等采煤国家也都开始采用充填法采煤，其中在波兰和德国，充填开采技术取得了很好的应用效果并得到广泛发展。

我国的煤矿充填开采技术发展较晚，自20世纪60年代，我国的采煤充填开采技术才开始发展，以抚顺胜利煤矿开采工厂保护煤柱为例，工作面沿伪斜布置，应用上行水砂充填长壁采煤法对采空区进行充填。但水砂充填采煤工艺当时并未在我国得到广泛应用，主要原因有充填和采煤工艺复杂、成本较高。国外于20世纪80年代初发展了能避免水砂充填泌水、建立复杂的隔排水系统等问题的膏体充填技术。该充填技术是以不泌水的牙膏状充填料浆体作为充填介质，这种材料能够在较低流速情况下通过泵送输送到充填点，充填效率得到极大提高。膏体充填技术当时很好地满足了金属矿山的充填需求，因此得到了迅速推广和发展，并在甘肃金川镍矿和湖北大冶铜录山铜矿取得了较好的应用效果。在煤矿方面，膏体充填技术发展缓慢，仅在德国沃尔萨姆等煤矿得到初步试验。鉴于膏体充填技术的优势，我国学者对其进行相应的符合我国煤矿需求的可行性技术研究，并逐步开展了工业性实验。

抚顺矿业集团在20世纪80年代开展离层注浆试验，并取得成功，其借鉴国外经验首次采用该方法，有效减缓了地表下沉。其后我国专家和工程技术人员先后在多家煤矿进行了离层注浆现场试验，在减缓地表沉降方面取得了较好成效，这给解决开采沉陷、"三下"采煤等煤矿开采问题又提供一种有效方式。

多种充填方式于20世纪70—80年代在煤矿相继成功试验并使用，但这些充填方式也有缺陷，例如固结细粒能力差，从而使充填体强度降低的胶结充填，其以水泥为胶凝材料，其初凝时会少量脱水，降低了充填材料强度，并且井下的作业环境会被料浆中析出的水泥颗粒污染；泵送充填的膏体充填技术投资大且技术难度高；高水速凝材料固结充填成本高、原材料少等。

进入21世纪后，我国对煤炭资源的需求量不断增加，带动了煤炭行业的快速发展，原本受经济效益制约无法开采的"三下"压煤逐渐得到重视，充填开采技术也因此得到长足的发展与进步。

目前，我国应用采空区充填采煤技术的矿井见表1-1。

表1-1 我国充填开采矿井一览表

序号	煤矿名称	所属单位	充填方式	充 填 目 的
1	蒋庄煤矿	枣庄矿业集团公司	巷式充填	实现矸石不升井，开采建筑物下部分煤柱
2	济三煤矿	兖州矿业集团公司	巷式充填	实现矸石不升井，开采建筑物下部分煤柱
			壁式充填	
3	许厂煤矿	淄博矿业集团有限责任公司	巷式充填	实现矸石不升井，开采建筑物下部分煤柱
4	岱庄煤矿	淄博矿业集团有限责任公司	巷式充填	回收条带开采遗留煤柱，保护建（构）筑物
			膏体充填	
5	王庄煤矿	山东潞安矿业（集团）有限责任公司	高水材料充填	井下处理粉煤灰，消耗工业废弃物，回收保护煤柱
6	埠村煤矿	淄博矿业集团有限责任公司	高水材料充填	承压水上置换条带煤柱
7	鄂庄煤矿	新汶矿业集团有限责任公司	壁式充填	解放建筑物下压煤
8	孙村煤矿	新汶矿业集团有限责任公司	似膏体充填	处理地面和井下新增矸石，回收井筒及大巷保护煤柱
9	盛泉矿业有限公司	新汶矿业集团有限责任公司	壁式充填	实现矸石不升井，回收边角块段小煤柱
10	翟镇煤矿	新汶矿业集团有限责任公司	壁式充填	减少矸石提升量，处理地面矸石，并实现控制地表移动和变形的目的
11	华丰煤矿	新汶矿业集团有限责任公司	壁式充填	井下处理煤矸石
12	泉沟煤矿	新汶矿业集团有限责任公司	壁式充填	井下及地面矸石处理
13	华泰矿业公司	原新汶矿业集团南冶煤矿	似膏体充填	处理地面和井下新增矸石，回收井筒及大巷保护煤柱
14	赵官能源有限公司	新汶矿业集团有限责任公司	膏体充填	解放村庄等建筑物下压煤
15	太平煤矿	济宁矿业集团有限公司	膏体充填	提高开采上限，实现水体下采煤

表1-1（续）

序号	煤矿名称	所属单位	充填方式	充填目的
16	邢东煤矿	冀中能源金牛股份有限公司	巷式充填	实现矸石不升井，开采建筑物下部分煤柱
17	邢台煤矿	冀中能源金牛股份有限公司	壁式充填	解决建筑物下压煤开采，以及固体废弃物矸石与粉煤灰的排放处理问题
			膏体充填	井下处理粉煤灰
18	东庞煤矿	冀中能源金牛股份有限公司	巷式充填	回收工业广场保护煤柱
			膏体充填	实现矸石不升井、消灭矸石山，同时解决粉煤灰和矸石对环境的影响，解放大量建筑物下压煤，提高煤炭资源采出率
19	小屯煤矿	冀中能源峰峰集团有限公司	膏体充填	解放建筑物下压煤，保护村庄建筑
20	通顺公司	冀中能源峰峰集团有限公司	似膏体充填	采出"三下"压煤
21	陶一煤矿	冀中能源邯郸矿业集团有限公司	超高水充填	解放建筑物下压煤，尤其是村庄下压煤
22	鹤煤二矿	河南煤化集团	膏体充填	回收该矿工业场地，保护鹤壁北站和鹤壁集东部等煤柱资源
23	鑫珠春公司	河南煤化集团焦煤分公司	膏体充填	解放建筑物下压煤，保护建筑和开采安全
24	朱村煤矿	河南煤化集团焦煤分公司	膏体充填	解放村庄下压煤，承压水上采煤
25	大明煤矿	铁法煤业集团有限责任公司	似膏体充填	回收工业广场下压煤
26	小青煤矿	铁法煤业集团有限责任公司	巷式充填	实现矸石不升井，开采不规则块段、建筑物下部分煤柱和护巷煤柱
27	公格营子煤矿	赤峰西拉沐沦（集团）投资有限公司	似膏体充填	实现水体与村庄下采煤
28	泰源煤矿	泰升煤炭有限公司	膏体充填	解放公路、建筑物下压煤

表 1-1（续）

序号	煤矿名称	所属单位	充填方式	充 填 目 的
29	东山煤矿	太原东山煤矿有限责任公司	巷式充填	实现矸石不升井，开采建筑物下部分煤柱
30	三塘煤矿	贵州六枝工矿集团有限责任公司	巷式充填	处理地面矸石，解放村庄、建筑物下压煤
31	胜利煤矿	七台河煤业集团	膏体充填	解放建筑物下压煤
32	中梁山煤矿	中梁山煤电气有限公司	壁式充填	实现矸石不升井
33	向阳煤矿	龙煤集团	矸石自溜充填	处理矸石
34	青龙山煤矿	勃利县青山乡青龙山煤矿	矸石自溜充填	处理矸石
35	孔集煤矿	淮南矿务局	柔性掩护支架充填	实现矸石不升井
36	木城涧煤矿	京煤集团	柔性掩护支架充填	实现矸石不升井
37	龙湖煤矿	七台河矿业精煤（集团）有限责任公司	矸石+注浆充填	实现水体下采煤
38	代池坝煤矿	川煤集团	矸石自溜充填	实现矸石不升井
39	孙村矿	新汶矿业集团有限责任公司	膏体充填+矸石充填	实现矸石不升井，开采建筑物下部分煤柱

二、煤矿充填开采技术与方法

目前，我国煤矿充填开采技术多种多样，根据充填材料的不同，可分为固体充填、膏体充填、（超）高水材料充填、胶结充填等，其中固体充填以矸石充填、电厂粉煤灰充填为代表。根据充填材料的运输方式和充填系统的不同，可分为水力充填、风力充填、机械充填和自溜充填。水力充填的充填介质通常为膏体、（超）高水材料、胶结材料或水砂，通过管路以水为动力将充填介质运送至采空区；风力充填是利用压缩空气将充填介质通过管道运送至采空区，由于风力充填的介质一般为固体，对管道的磨损较严重，充填介质进入采空区的速度快，如果现场管理不当可能导致安全事故的发生；机械充填是以机械动力将充填介质抛入或倒入采空区，目前在煤矿中应用较多，充填机械主要包括自移式抛矸机、高速带式输送机、耙斗绞车、充填液压支架等；自溜充填是依靠充填介质自身重力沿溜矸眼或溜槽进入采空区的充填方式，充填介质一般为矸石。按采煤与充填时间次序的不同，可分为随采随充、间断充填和滞后充填。按充填位置的不同，可分为工作面采空区充填、废弃巷道或盲巷充填、离层注浆充填等。

煤矿充填开采方法根据充填量、充填位置、动力和材料等，有不同的分类方法，具体分类如图 1-1 所示。

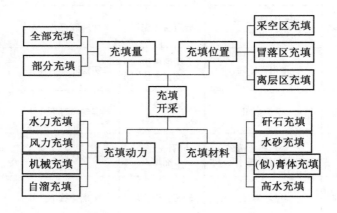

图 1-1　充填采煤方法分类

其中膏体充填开采技术、（超）高水材料充填开采技术和矸石充填开采技术最有代表性，应用较为广泛，下面分别对这三种充填技术的应用情况进行介绍。

1. 膏体充填开采技术

膏体充填采煤技术就是把充填材料制成无临界流速、无须脱水处理的膏状浆体，通过预先铺设好的运输管道输送至回采工作面的充填开采方法，其充填材料主要包含煤矸石、粉煤灰、劣质土、河砂、工业炉渣等固体垃圾，输送浆体采用充填泵压或重力加压方法。一般膏体充填材料质量浓度达 80% 以上时，料浆具

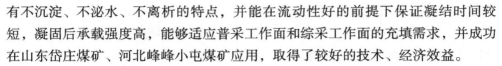

有不沉淀、不泌水、不离析的特点，并能在流动性好的前提下保证凝结时间较短，凝固后承载强度高，能够适应普采工作面和综采工作面的充填需求，并成功在山东岱庄煤矿、河北峰峰小屯煤矿应用，取得了较好的技术、经济效益。

典型的膏体充填系统主要由将煤矿附近的固体废弃物如煤矸石、粉煤灰等制成膏体浆体的配料制浆系统、采用泵压或重力加压方式把膏体充填料浆由地面输送到井下的泵送系统、用于井下的工作面充填子系统三部分组成。

膏体充填技术与采动破坏、地表沉陷控制的有效结合，是膏体充填高密实度、流动性好、高强度充填体的优势体现。初期的充填系统一般需要高达3000万元的投资，其中吨煤充填成本相对更高。金属矿山中对于膏体充填技术的应用相对较早，有近30年的发展史，对于煤矿是从近代开始，德国最先应用，我国以峰峰、焦作、淄博等矿区为试验点，也展开了研究与应用。

按充填量和充填范围占采出煤层的比例，膏体充填开采方法可分为全部充填与部分充填。全部充填开采即在煤层采出后顶板未冒落前，对所有采空区域进行充填，充填量和充填范围与采出煤量大体一致。部分充填开采是相对全部充填而言的，其充填量和充填范围仅是采出煤量的一部分。

2. 超高水材料充填开采技术

超高水材料主要以A、B两种材料为主料，延缓剂、速凝剂等添加剂为辅料，与水充分混合成水体积大于95%的充填料浆。超高水材料的A料主要以铝土矿、石膏等材料烧制，其辅料添加剂为超缓凝分散剂，B料是石膏和石灰磨成的粉末，其添加剂为复合速凝剂。A料加水制成的A浆液与同样加水制成的B浆液混合，能形成胶结时间在几分钟至1.5 h之内、凝聚效果好、浆体强度可达0.5～2.0 MPa以上的充填料，用于采空区充填。浆体的准备、浆体的运送、浆体的混合配比和工作面充填等形成了井下充填系统的主要组成部分。充填材料如何配比制作是核心技术，井下如何充填为关键技术。充填体流动性强的特性适合倾斜煤层工作面，且顶底板岩层较完整。

充填采空区时，首先将A料、B料与水配比制成A浆液和B浆液，分别进入缓冲池。待缓冲池的单浆液量适宜时，通过独立的管道运输至井下混合装置处，混合后送入回采工作面充填区域，并在一定时间内失去流动性，属时变性流体。

相较于其他充填技术，（超）高水材料充填技术因其用水量高、固体料少的特性，使其优点在于：既解决了煤矿固体充填材料量少的问题，又克服了其他技术庞大的充填系统的问题；固体用料少，使得用来辅助运输的系统不需要额外增加负担；系统初期投资少，且浆料的流动性使管道不易堵塞，工作面不泌水。充填材料本身的特质（即不抗风化、不耐高温、长期稳定性差）是该技术最大的缺点。

3. 矸石充填开采技术

矸石充填采煤法的充填介质主要是煤矸石、砂石或者煤矸石和粉煤灰的混合物，其是通过矸石运输系统将其充入或者抛入采空区的充填采煤方法。根据矸石的充入方式不同，可分为风力充填、重力自溜充填和机械协助充填等。充填矸石一般无须添加添加剂或胶结料。但是人工矸石充填一般很少采用，因为其劳动强度大，效率低，并与回采工艺不能及时适应。急倾斜煤层中应用最多的为矸石自溜充填法（以北京、淮南、中梁山等矿区为例）。机械化矸石充填分为以应用于炮采、普采工作面为主的普通机械化矸石充填和以应用于综采工作面为主的综合机械化矸石充填，其划分依据为工作面采煤工艺。

1）长壁普采矸石充填开采

工作面采用走向长壁后退式采煤法，矸石充填处理采空区，采煤机落煤。工作面用单体液压柱配 1.0 m 长金属铰接顶梁，排距为 1.0 m，柱距为 0.9 m，循环进度为 1.0 m。

采用"见六充三或见七充四、边采边充"方式，当控顶距达到 6 排支护时，充填自第 6 排至第 3 排三个棚档内，采充平行作业，但最大控顶距不得超过 8 排支护。充填完一个循环后铺设运矸刮板输送机继续下一个循环充填。一般顺序为从下山到上山，从内到外。

2）风力充填开采

采用风力充填主要设备是风力泵，充填泵采用压风作动力，设备简单，尺寸小、重量轻，挪动方便，但风力泵的输送距离不能太远，否则易堵管，为了缩短充填泵的输送距离，增加出口压力，通常把风力泵布置在回风巷工作面前方不超过 20 m 的地方。如果实现全矿井的矸石充填，同样需要建立矸石仓。矸石仓中的矸石通过放矸口放入刮板输送机后进破碎机，输送带拉入工作面上平巷风力充填泵，经风力泵后通过管道沿工作面送至充填处。充填泵位于工作面上端头接端头短刮板输送机，移动时通过绞车和短刮板输送机一起移动。

工作面割煤后，在液压支架的掩护下推移刮板输送机；充填时，前移液压支架至煤壁，打开护帮板护好煤帮；当充填支架拉至 1 号支架时，打开 1 号支架掩护梁充填窗口，将充填管路移至 1 号支架掩护梁充填窗口，用防倒绳将充填管路出料口固定好，如果煤层角度大，矸石可以向下自溜，可分段移架，采用移多个支架充一次，减少充填的次数；用单体液压支柱在下隅角切顶线打好关门点柱，并支设好一架戗棚；点柱靠采空区侧用竹笆遮挡严密，不得留有空隙；风动充填机接至充填迎头的充填管路连接好后，用防倒绳按每节管路两个固定点固定在工作面电缆架上，并接好充填防尘管（工作面每 10 m 安设一处防尘水管三通）进行风动充填，充填时，下方严禁有人；充填完 1 号支架时，缩充填管路，完成一个充填循环；完成一个充填循环时，通过充填窗口严格检查采空区的充填效果，若充填不实，重新调节充填管路出料口方向进行二次充填，必须确保采空区充满、充实；将回撤的充填管路连接好后用防倒绳按每节管路两个固定点固定在工作面电缆架上，用专用挡板将管口堵住，防止杂物进入堵塞管子，作为下一次作业的充填管路；充填时，每一充填出料口相邻支架下方的空隙用矸石袋垒砌严实，防止充填料涌出；充填时，不得少于 2 人，一人负责充填质量，一人负责观察充填管路等周围安全情况；充填前，充填上方 5 m 内打好遮挡；遮挡靠近刮板输送机侧留有不少于 0.8 m 的人行道。

3）综合机械化固体充填开采

综合机械化固体充填开采利用特殊的充填液压支架进行采空区充填。充填液压支架前、后配备双侧同向不等位的两部刮板输送机，即前部回采工作面的工作面刮板输送机和后部的位于尾梁下的充填开采刮板输送机。充填液压支架除了满足支护顶板、综采面生产的要求，同时可达到充填采空区的目的。

其充填工艺为：充填工作在完成一刀采煤工作后进行，停止所有采煤工序，将支架移直后，调整好充填支架后部的充填开采刮板输送机，依次开动工作面充填开采刮板输送机、自移式矸石与粉煤灰转载机、运矸带式输送机等设备，进行采空区充填。支架移直后，将充填开采刮板输送机移至支架尾梁后部进行充填。充填顺序由充填开采刮板输送机机尾向机头方向进行，当前一个卸料孔卸料到一定高度后，即开启下一个充填卸料孔，随即启动前一个卸料孔所在支架后部的夯实机千斤顶推动夯实板，对已卸下的充填材料进行夯实，如此反复几个循环，直到夯实为止，一般需要 2~3 个循环。当整个工作面全部充满后，停止第一轮充填，将充填开采刮板输送机拉移一个步距至支架尾梁前部，用夯实机构把充填开采刮板输送机下面的充填料全部推到支架后上部，使其接顶并压实，最后关闭所有卸料孔，对充填开采刮板输送机的机头进行充填。第一轮充填完成后，将充填开采刮板输送机推移一个步距至支架尾梁后部，开始第二轮充填。

4）巷道固体充填开采

巷道固体充填开采需要利用一种能够左右摆动和上下调整的专用充填机，这样就能适应巷道的高度和宽度变化，在巷道断面内填满矸石。充填部必须能够向后移动，这样当前面填满矸石后，回填部能够退到一个新位置继续工作。

其充填工艺为：岩巷迎头掘进的矸石装车后运至矸仓上口，由推车机、翻车机翻入矸石仓，经破碎机把矸石破碎到粒径不大于150 mm，再由给料机、输送带运到充填巷迎头，经矸石抛填机抛射充填，迎头矸石在较干燥的情况下边充填、边洒水，以利于矸石堆集。抛矸输送带充填完成后，再对巷道充填矸石上部的空隙采用注浆法加以充填密实。必要时可以在矸石抛填机上安装夯实和注浆装置，用于将矸石夯实并注浆胶结，有利于提高充填效率和充填体强度。

在第一轮开采时，每隔25 m采5 m宽巷道，开采结束待岩层稳定后，开始第二轮开采，在25 m煤柱中间开采5 m宽巷道，两侧留10 m煤柱。第三轮在10 m煤柱中部开采2.5～3 m巷道，最终采出率可达75%～80%。

5）巷柱式放顶煤充填开采

采用充填与采煤平行作业，即本工作面回采时，对已采空的工作面进行充填。地表矸石经矿车、投料孔运入采区或盘区储矸石硐室，转入充填机，由充填机前端的输送带进行抛砂充填。一次充填不能充满，采用二次充填，第一层采用前进式充填，第二次采用后退式充填。

充填开采目前在金属矿山中应用已非常成熟，在煤矿开采中使用尚不成熟，煤矿相较于金属矿山的充填开采技术需满足以下条件：

（1）采煤生产力与充填能力的匹配。采矿强度与充填效率在充填开采中相互影响，采空区形成后才可以充填，不充填也不能开采，因此回采作业大循环中起决定作用的就是采矿和充填两个环节，两个环节的相互制约决定了矿井开采的速率。因此，若想使充填技术在矿山中有效应用就必须实现采矿和充填的平衡。

在实际充填过程中，采矿生产能力与充填能力的匹配问题十分明显，由于煤矿生产机械化程度高，煤炭的采、装、运各环节配合紧密，充填工艺的加入势必对回采工艺产生影响，降低煤炭的产量。因此，高产高效的采矿工艺必须有与之适应的充填技术相配合，但目前的充填生产能力不能跟上采煤能力。

（2）充填成本与采矿效益的均衡。相较于其他开采方法，充填开采是在最大限度地采出煤炭的同时，保证了生产安全，提高了经济效益，但是矿山必须支

出充填开采增设的充填设备和充填工序付出的资金。

采矿效益与充填成本之间的问题在于：开采中需新增加的设备等充填成本是否可以与充填开采得到的增益收益相抵消。在我国，两者之间的均衡标准为充填成本小于煤矿开采引起的地表及附着物破坏等的经济赔偿，只有实现两者均衡，充填技术才会更有效应用。

（3）采后岩层移动对充填率的影响。煤炭主要形成在层状沉积岩中，采用长壁垮落法时，开采完的采空区覆岩即采即垮，充填所需的空间不足与充填率不高造成岩体的运动更加难以控制。采后岩层的移动与破坏规律使得填充作业时间短暂，充填率不高，充填与采矿两者之间相互干扰、相互影响。

第二节 急倾斜煤层充填采煤法研究现状

国外的充填开采应用多见于金属矿山，而在煤矿中的应用较少。在急倾斜大倾角煤层充填的应用，可追溯到 20 世纪 40 年代，苏联库兹巴斯煤田急倾斜厚煤层为了减少煤炭损失和防止自燃发火，进行了多种充填方法的尝试，例如倾斜分层上行充填法和水平分层下行充填法等。其他未检索到相关的文献资料报道。

急倾斜煤层充填采煤法可分为伪斜工作面走向长壁充填采煤法、倒台阶工作面充填采煤法、仰斜推进充填采煤法、掩护支架充填采煤法和矸石自溜充填采煤法等。分别介绍如下：

1. 伪斜工作面走向长壁充填采煤法

伪斜工作面走向长壁充填采煤法的特点是：回采工作面沿伪斜布置沿走向推进，采空区处理采用全部充填。工作面沿伪斜布置，长为 80 ~ 90 m。工作面伪倾角取 33° ~ 36°，这样既能使矸石沿中部槽自溜，又能保证充填面的稳定。为便于维持工作面上部（长度 4 ~ 5 m）沿煤层倾斜布置，工作面可跨采区连续推进，沿走向相邻采区间不留隔离煤柱。

由于采用全部充填，工作面顶板压力和围岩移动变形都很小，伪斜工作面走向长壁充填采煤法的优点是：①煤炭损失较少，有利于防止煤炭自燃；②工作面控顶面积较小，有利于顶底板维护；③工人在充填体上进行操作，无坠落危险；④巷道布置简单，掘进量较少；⑤对地质条件变化的适应性强；⑥坑木消耗较低，经济性较好；⑦当用工作面外部的矸石充填时，围岩移动量较小，适用于"三下"采煤；⑧当利用井下岩巷掘进的矸石进行充填时，可避免或减少向地面排矸，使废物得到妥善处理。缺点是：①煤壁在工作空间上方，落煤操作不便；②煤壁冒顶掉渣，易砸伤工人；③工作面一班采煤，产量较低；④增加了采矸、运矸、充填等工序。

2. 倒台阶工作面充填采煤法

采用倒台阶工作面充填采煤法是开采近距煤层时的一种巷道布置方式。在这种情况下，采用了共用上山和共用平巷的联合布置方式。共用上山设在底板岩石中，共用平巷（刮板输送机巷、带式输送机运输巷和中间巷）设在下煤层中，在上煤层中，在与刮板输送机巷和中间巷相对应的地方各掘一段超前平巷。超前平巷与对应的共用平巷之间以联络小巷贯通。上煤层工作面上端沿走向每隔 5 m 掘一条联络小巷与输送带运矸巷贯通。

倒台阶工作面充填采煤法除具有一般倒台阶工作面采煤法的优点外，还具有上述伪斜工作面走向长壁充填采煤法的优点，而且更适用于采用风镐落煤。这种采煤方法具有与一般倒台阶工作面采煤方法相同的缺点。此外，它还增加了采矸运矸工序；当用采石场矸石进行充填时，充填费用较高，从而增加了吨煤成本。倒台阶工作面充填采煤法一般应用于厚度小于 2.5 m 的近距离煤层和自燃倾向严重的急倾斜煤层。

3. 仰斜推进充填采煤法

仰斜推进充填采煤法的特点是：工作面一般沿伪斜布置，沿仰斜方向推进，采空区采用矸石充填处理。采区内一般沿倾斜划分成长度为 45～50 m 的区段，区段内沿走向划分成宽度为 10～15 m 的采煤带，依次进行回采。在第一个采煤带回采之前，从运输巷向上掘进该采煤带的溜矸眼和溜煤眼，并在运输巷上方掘出开切巷贯通溜矸眼和溜煤眼。溜矸眼向上掘通回风巷，溜煤眼只需掘至开切巷所在的高度。回采工作从开切巷开始，沿仰斜向上推进。回采初期先采出一个三角煤带，使工作面调成伪斜方向，伪斜角为 25°～30°。随着工作面向前推进，逐渐拆除溜矸眼下端的支护，并在充填体和煤壁之间接长溜煤眼。此溜煤眼在相邻采煤带回采时用作溜矸眼。

仰斜推进充填采煤法的优缺点大体上与伪斜工作面走向长壁充填采煤法相同，只是由于工作面较短，使工作面产量和每班充填矸石的需要量都相应地减少。因此，这种采煤法一般只适用于中小型矿井开采厚度小于 3 m 的急倾斜煤层。

4. 掩护支架充填采煤法

掩护支架充填采煤法采用工作面沿走向布置和沿伪斜推进的掩护支架,同时采用全部充填法处理采空区。沿走向将区段划分成宽为 20 m 的采煤带,各采煤带按后退式顺序回采。区段内布置运输巷和回风巷,在宽为 20 m 的采煤带中布置 4 个溜煤眼,溜煤眼间距为 5 m。相邻两个采煤带的间距为 6~7 m,以便回采后在两个采煤带之间留下 1~2 m 宽的隔离煤柱。两眼之间沿倾斜每隔 15~20 m 掘一条联络巷,最上面的一个联络巷与回风巷相距 7 m。在掩护支架安装完成后,将通过带式输送机运至工作面溜矸眼的充填矸石立即自溜到支架上,矸石需充到溜矸眼上口。以后随着支架下放继续充填,保持支架以下的顶底板不悬露。当支架下放至接近运输巷时,需控制充填矸石量,以免妨碍安装巷托顶钢梁的回收。

掩护支架充填采煤法的优点是:①能有效地抑制裂隙带的发展;②与急倾斜煤层中采用充填处理采空区的其他采煤方法相比,其工作面产量较高,同时由于工作面煤壁处于回采工作空间的下方,不易发生煤壁冒落伤人事故。其缺点是:①巷道掘进量较大;②由于上部回风平巷在采空区中维护困难,所以有时采空区的充填未达到预定高度,就因巷道已破坏而无法继续充填工作。掩护支架充填采煤方法适用于埋藏条件稳定,顶底板岩石稳定性较好,倾角大于 55°,采空区需要全部充填的煤层。

5. 矸石自溜充填采煤法

根据相关的理论研究和工程实践,当煤层倾角大于 45°时,可以直接采用矸石自溜充填采煤法;当煤层倾角大于 35°时,采用铺设搪瓷中部槽等方法也可以实现矸石自溜充填。该方法采用工作面沿倾向布置,通过矿车或者其他运输设备将掘进产生的矸石或者地表矸石运送至工作面回风平巷上端头,在工作面后方直接顶未垮落前,采用侧卸式矿车等设备将矸石倾倒入采空区实现充填开采。

矸石自溜充填采煤法的优点是:①能有效地抑制顶板和覆岩的运移,降低地表沉陷;②充填费用低,工艺简单。但该方法对工作面的顶底板要求较高,要求直接顶具有一定的垮落步距,底板平整,工人劳动强度高,安全性差。

第三节 急倾斜煤层理论研究现状

急倾斜/大倾角煤层开采地表沉陷理论是一个复杂和繁难的采动损害问题,由于煤层倾角的变化而造成覆岩结构与力学特性的改变,使得地表移动破坏的形式与缓倾斜煤层相比存在很大的差异，复杂的地质构造使得相关的研究成果较少。由于急倾斜大倾角煤层开采覆岩的移动变形规律研究难度较大，没有形成系统的理论和研究方法，这给相关问题的研究带来很大困难。

国外科学家对急倾斜煤层开采地表沉陷的研究较早，苏联学者萨德林在20世纪80年代提出了急倾斜煤层开采地表移动的初步计算方法；匈牙利学者杜尔札博士于1985年提出了回归分析法，并导出急倾斜煤层采后地表下沉剖面函数；1981年，苏联制定了《矿区自然物和建筑物保护规程》，其中给出了利用典型曲线法导出的煤层倾角小于70°时地表下沉预计参数，但是只针对顿巴斯矿区；捷克的Bodi研究了较坚硬急倾斜大倾角煤层无人开采技术；俄罗斯的Kulakov较为系统地研究了急倾斜大倾角煤层工作面的支承压力和岩层应力；印度的Singh等针对印度东北部煤田急倾斜厚煤层的赋存特点，通过实验室建模，分析了不同倾角和煤厚条件下围岩应力的分布规律，进而探讨了急倾斜煤层放顶煤开采的可行性；1981年，我国北京开采所在总结了大量急倾斜矿区现场资料和观测数据的基础上，提出了倾斜立断面的皮尔逊Ⅲ型公式。1982年，煤炭科学研究总院唐山分院提出了负指数影响函数预计公式。

虽然国内对急倾斜煤层开采的研究相对于其他倾角的煤层滞后，但通过广大学者和工程技术人员多年来的研究和努力，也取得了很多的研究成果，且在理论研究方面处于世界先进水平。研究集中在：①伍永平首次定义了"大倾角煤层"的概念及给出了工程解释，研究了"R（顶板）－S（支护系统）－F（底板）"动力学模型及其致灾机理。研究表明：大倾角煤层工作面围岩出现灾变的根本原因是在顶板破断岩块运移、工作面支护系统位移和底板破坏滑移过程中，由于三者之间的荷载及运动耦合效应减弱，造成支架对围岩的控制效果减弱或消失，导致"R－S－F"系统失稳，从而引发围岩灾变。②陶连金、尹光志、赵元放等研究了急倾斜大倾角煤层的矿压显现规律。研究表明：在煤层走向长壁开采过程中，工作面沿倾斜方向的矿压显现具有时序性，呈现"先中部""次上部""再下部"的基本特征，而沿走向方向的矿压显现特征与一般煤层倾角条件下类似。③高召宁、黄建功、孟祥瑞、解盘石等研究了覆岩的移动、变形和破坏特征及形成的岩体结构。研究表明：长壁采场覆岩的运移规律具有不均衡性和时序性；在倾斜方向，高位岩层应力分布具有非对称性，倾斜下部区域的顶板岩层因受到冒落顶板充填的约束，无法充分运移垮落，没有明显的"三带"特征或"三带"不完整且形成的层位较低，而工作面中、上部区域内"三带"特征明显且形成的层位较高。

④王金安、张东升、曹树刚、杨科等研究了工作面设备下滑、支架倾倒机理以及"支架—围岩"系统相互作用机理。研究表明：急倾斜大倾角煤层垮落顶板向采空区下部滑移形成非对称充填效应，造成顶板受载程度不均衡，工作面中上部区域的顶板岩层移动、变形和破坏特征活跃，且顶板与支架的接触及施载特征复杂，支架所受的载荷变小，甚至出现空载现象，引起支护系统失稳，工作面支架倾倒、下滑及架间挤、咬现象加剧，严重影响了工作面"支架—围岩"系统的稳定性。⑤戴华阳等研究了急倾斜大倾角煤层开采引起的地表沉陷，建立了基于开采影响传播角变化的地表移动预计模型。上述研究为急倾斜煤层安全高效开采奠定了理论基础。

在急倾斜煤层充填开采理论研究中，朱仁论、李凤明对急倾斜煤层矸石自溜充填的适用条件和分角度充填效果，以及顶板控制进行了研究；李永明、翟茂兵基于龙煤集团龙湖矿急倾斜煤层的赋存条件，建立了急倾斜煤层仰斜充填开采模型，对覆岩及防水煤柱的稳定性、底板岩层移动和应力分布特征以及导水裂隙的演化规律进行了研究；董守义研究了急倾斜煤层不充填、全充填和条带充填开采条件下覆岩的移动、变形和破坏特征，并进行了经济、技术对比分析；王港盛通过对急倾斜煤层采空区全充填条件下充填范围以及不同填充材料压实度对工作面顶板挠曲下沉的影响的分析，研究了充填开采对工作面顶板挠度的影响；姚琦建立了急倾斜煤层综采走向分段胶结充填开采倾向岩梁的力学模型，推导了倾向方向上覆岩梁的挠曲方程，利用方程求出了充填区域和未充填区域的最大挠度位置。

第二章 急倾斜煤层充填开采
方 法 研 究

本章在深入研究现有急倾斜煤层充填开采方法的基础上，充分借鉴各种充填方式的优点和不足，提出了斜坡柔性掩护支架采煤法充填技术，并对其进行优化。而后采用模糊层次分析法建立急倾斜煤层充填采煤法适用性评价模型，为充填方法的选择提供依据。

第一节 急倾斜煤层充填开采方法分析

在充填开采急倾斜煤层时，由于急倾斜煤层倾角大的特点，选择何种充填方法以及何种充填介质主要取决于煤层的开采工艺。在以往的急倾斜煤层充填开采过程中，由于煤矸石现场取用方便、成本低等特点而被广泛采用。随着制作胶结材料技术的逐渐成熟，充填胶结材料也逐渐在急倾斜煤层的充填开采中得到应用。根据采煤方法不同，可将充填开采方法分为壁式充填采煤法、掩护支架工作面充填采煤法和注浆充填采煤法等。本节将对这几种充填开采方法进行应用分析和技术研究。

一、急倾斜煤层壁式充填采煤法

急倾斜煤层壁式充填法主要包括伪斜走向长壁充填采煤法、走向长壁分带仰斜充填采煤法、倒台阶工作面充填采煤法等，其中仰斜推进充填法和倒台阶工作面充填采煤法应用较早，并取得了一些成功经验，但也存在诸多不足。下面分别对这几种充填方法进行分析。

（一）伪斜走向长壁充填采煤法

伪斜走向长壁充填采煤法是指回采工作面沿伪斜布置沿走向推进，采用矸石充填采空区的顶板管理方式。采区阶段划分为垂高在 50 m 左右的区段，沿伪斜角35°~40°布置工作面，采区一般按单面布置，上山布置在下部薄煤层或底部岩层中。由上山向煤层掘运矸石门和中部石门，而后沿石门向采区边界掘区段运输平巷，包括上部的区段运矸平巷和中部的区段运煤平巷，沿采区边界从区段运煤平巷向上掘开切眼，贯通区段运矸平巷，形成回采系统，如图2-1所示。

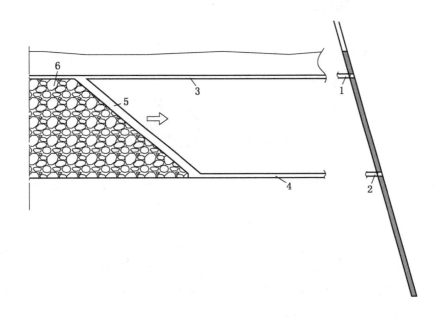

1—运矸石门；2—中部石门；3—区段运矸平巷；4—区段运煤平巷；5—伪斜工作面；6—采空区

图2-1　伪斜走向长壁充填采煤法巷道布置图

1. 采煤工艺

采用风镐或爆破落煤方式，在使用风镐落煤时，为了提高开采效率，沿工作面全长实行分段平行作业，分段长度约10 m。采煤工人站在架设了充填体与支柱之间的搭板上进行作业。采落的煤炭经预先在充填体上铺设的中部槽自溜进入运煤平巷的输送机内。由于采用矸石充填采空区，工作面矿压显现及岩层的移动较小，对支护强度要求不高，可以采用无腿棚支护，以防顶部未采煤壁冒落。

2. 充填工艺

充填所用矸石可来自地面矸石山或井下岩巷掘进工作面。矸石块度应控制在200 mm以下，以便运输和充填使用。矸石的运输系统如图2-2所示。

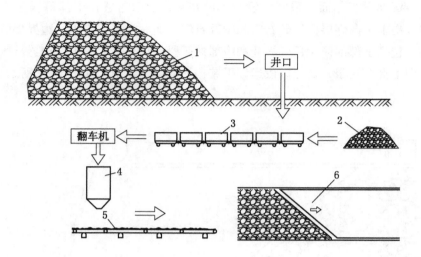

1—矸石山；2—井下开拓矸石；3—矿车运输；4—矸石仓；5—输送带运输；6—充填工作面

图 2-2　充填矸石运输系统示意图

充填矸石采用矿车运至采区矸石仓，经翻车机翻入矸石仓，而后采用带式输送机经运矸石门和区段运矸平巷运至工作面上口，再经中部槽溜入工作面，自上而下地进行充填。工作面煤壁至充填面的距离为 1~2.3 m，每次充填的厚度（即工作面循环进度）为 1.3 m。

3. 应用效果评价

伪斜工作面走向长壁充填采煤法在四川中梁山煤矿、南桐矿务局东林煤矿得到应用。据统计，在中梁山煤矿，工作面平均月产量达 2665 t，回采工效为 2.25 t/工，坑木消耗为 71.3 m³/万 t，采区采出率为 95%，掘进率为 137.5 m/万 t。

这种采煤法的优点是：①工作面煤炭损失少，采出率高，降低煤炭自燃危险；②工作面控顶面积较小，煤层顶底板易于维护，围岩移动量较小，适用于"三下"压煤的开采；③采区巷道布置简单，掘进工程量较少；④对地质条件变化的适应性强。缺点是：①煤壁在工作空间上方，给落煤工作带来不便，当煤层松软时，容易发生煤壁冒顶，存在安全隐患；②增加了运矸、充填工序，减少了采煤时间，工作面产量较低。

（二）走向长壁分带仰斜充填采煤法

走向长壁分带仰斜充填采煤法工作面一般沿伪斜方向布置,沿仰斜方向推进,采用爆破落煤、中部槽自溜运煤的采煤工艺,采空区采用矸石充填管理顶板。采用木支柱支护顶底板,木支柱间排距为 1.0 m×1.0 m。

1. 采煤工艺

区段内沿走向划分成宽度为 20～25 m 的采煤带,依次进行回采,分带间留设 5 m 宽的保护煤柱,倾斜推进长度控制在 50～60 m。回采第一个采煤带前,从运输巷向上掘开切眼、溜矸眼和溜煤眼,而后沿溜矸眼向上掘进回风巷。工作面沿仰斜向上推进。工作面沿伪斜角 25°～30°向上推进。随着工作面的推进,不断接长溜煤眼。工作面落煤方式可根据煤层软硬决定。当煤层松软时,一般用风镐落煤,煤层较硬时,可用打眼爆破落煤,采用木支柱支护,木支柱进入采空区后不对其进行回收。工作面布置如图 2-3 所示。

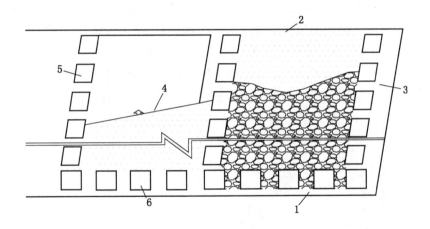

1—运输巷;2—回风巷;3—开切眼;4—回采工作面;5—工作面煤柱;6—下巷煤柱

图 2-3 走向长壁分带仰斜充填采煤法示意图

2. 充填工艺

可以采用前进式或后退式的充填方式。工作面控顶距在 1.2～2.4 m 范围内。沿回风巷向下掘溜矸眼,每个充填眼间保持 3～5 m 的距离,其余部分采用柱距为 500 mm 的密集柱支护。工作面每个联络巷设置一个调节风窗并用袋装浮煤封堵。当工作面回采相邻第二分带时,对已采首采分带进行矸石自溜充填。

3. 应用及改进

这种采煤方法在龙煤集团七台河分公司向阳煤矿、浙江长广煤矿公司广兴井、南京青龙山煤矿等矿井中得到应用。主要技术经济指标在煤厚 0.5～3.0 m时，工作面月进度约 30 m，月平均产量为 800～1500 t，回采工效为 0.8～1.7 t/工。仰斜推进全部充填采煤法的优缺点，大体上与伪斜走向长壁充填采煤法相同。只是由于工作面较短，使工作面产量和每班充填矸石量都相应地减少。因此，这种采煤法一般只适用于中小型矿井开采厚度小于 3 m 的急斜煤层。

（三）倒台阶工作面充填采煤法

倒台阶工作面充填采煤法最早在重庆中梁山煤矿应用，该煤矿为了使掘进矸石不出井，控制近距离煤层开采时的围岩移动，以及防止煤的自燃等，从 1961年开始试验和推广倒台阶工作面充填采煤法。

1. 工作面巷道布置

倒台阶工作面充填采煤法开采近距离煤层时，巷道布置方式如图 2-4 所示。在开采近距离煤层时，采用共用运输上山和共用平巷的联合布置方式。联合上山布设在底板岩石中，共用平巷（刮板输送机巷、带式输送机运输巷和中间巷）布设在下煤层中，在上煤层中，在与刮板输送机巷和中间巷相对应的地方，各掘一段超前平巷。超前平巷与对应的共用平巷之间以联络小巷贯通。上煤层工作面上端沿走向每隔 5 m 掘一条联络小巷与输送带运矸巷贯通。

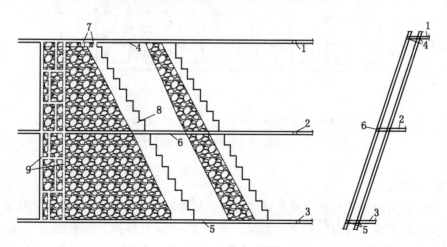

1—运矸石门；2—中间石门；3—运煤石门；4—运矸平巷；5—运煤平巷；

6—中间平巷；7—联络巷；8—倒台阶工作面；9—工作面开切眼

图 2-4　倒台阶工作面充填采煤法示意图

工作面的形状为倒台阶状，它与充填矸石的自然安息角（40°～42°）有关。当煤层倾角为65°～70°时，台阶长度取5～7 m，台阶间的错距取4～5 m。当解放层已经开采，邻近煤层已进行瓦斯抽放，在开采层工作面的瓦斯含量显著下降的条件下，为了降低工作面的煤尘，可采用下行通风方式。

2. 充填回采工艺

工作面采用风镐落煤，支护方式与一般倒台阶采煤法相同。工作面先按"两采一准"的作业方式采出一个充填步距以后，连续几个班进行充填工作。工作面最小控顶距（以台阶下端计）为1.8 m，最大控顶距为17.1 m。充填步距根据顶板压力大小和顶底板稳定情况而定，一般为3.6～10.8 m。两个近距离煤层联合开采时，为了保持均衡生产，常采用上、下两层工作面轮换进行采煤和充填工作的方式。充填矸石的来源及其运送方法与伪斜工作面走向长壁充填采煤法相同。

3. 应用效果评价

中梁山煤矿北井2314工作面煤厚2.3～2.4 m，工作面长90 m，1978年10—11月应用这种采煤方法，达到日进度39 m，月产量12571 t，回采工效3.7 t/工，坑木消耗164.9 m³/万t。倒台阶工作面全部充填采煤法除具有一般倒台阶工作面采煤法的优点外，还具有上述伪斜工作面走向长壁全部充填采煤法的优点，而且更适合采用风镐落煤。这种采煤方法具有与一般倒台阶工作面采煤方法相同的缺点。此外，它还增加了采矸、运矸工序；当用采石场矸石进行充填时，充填费用较高，从而增加了吨煤成本。

二、急倾斜煤层掩护支架充填采煤法

掩护支架充填采煤法工作面沿走向布置，沿俯斜推进，选用掩护支架支撑顶板，采空区采用矸石自溜的方式进行充填。采区巷道布置如图2－5所示。工作面沿走向划分成宽20 m的采煤带，各采煤带按后退式顺序回采。区段内布置运输巷和回风巷，在宽20 m的采煤带中布置4个溜煤眼，溜煤眼间距为5 m。相邻两个采煤带的间距为6.5～7 m，以便回采后在两个采煤带之间留下1.5～2.0 m宽的隔离煤柱。两眼之间沿倾斜每隔15～20 m掘一条联络巷。

1. 回采工艺

掩护支架在第一个联络巷的水平上进行安装。安装前，将该联络巷的宽度扩大成见顶见底的安装巷。如果安装巷围岩不稳定，为了防止安装巷内顶底板和上

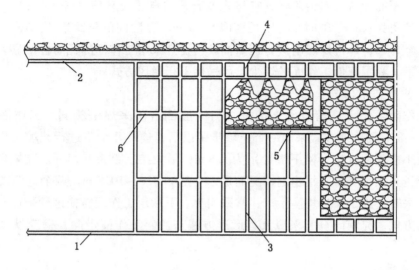

1—运输巷；2—回风巷；3—溜煤眼；4—溜矸眼；5—工作面；6—联络巷

图2-5 掩护支架充填采煤法示意图

方煤柱的冒落，可以对其进行锚网支护。扩巷后，从安装巷向上掘溜矸眼。掩护支架的结构和安装、拆卸和回收方法，以及掩护支架下的采煤工艺，均与一般的掩护支架采煤法相同。当煤层及顶底板岩层较稳定时，可采用爆破落煤；当煤层松软、顶底板破碎时，为了减少对顶底板的震动，可采用风镐落煤。

2. 充填工艺

充填矸石可来自地面或井下开拓矸石，矸石经运输进入区段回风巷，由带式输送机运至工作面溜矸眼，自溜充入采空区。掩护支架安装完立即在支架上面充填矸石，矸石需充到溜矸眼上口。采用随采随充的充填工艺，随着支架下放实行继续充填，保持锚杆支架以下的顶底板不悬露。掩护支架下放至距运输巷 3 m 时，停止下放，并将支架调成水平状态和保持稳定，然后依次缩短回风巷的带式输送机回收掩护支架等工作。

3. 应用效果评价

掩护支架充填采煤法在孔集煤矿得到现场应用，取得了较好的技术、经济指标，工作面平均月产量 8738 t（最高 11491 t），平均回采工效 2.69 t/工（最高 3.58 t/工），坑木消耗 20 m³/万 t 以下，采区采出率 75.2%。

实践表明，对掩护支架能否下放到预定位置的影响因素主要是充填是否及时、顶底板的稳定性和工作面的推进速度等。在充填不及时的情况下，尚未进行锚杆支护的顶板大面积暴露出来，往往引起顶底板片帮、变形，使安装巷煤顶遭受破坏，将导致充填工作无法继续进行。但是，在顶底板岩石稳定性不好的地段，即使充填及时，往往也不能保证掩护支架能放到预定位置。

这种采煤法的优点是：①能有效地抑制导水裂隙带的发展；②与急斜煤层中采用全部充填处理采空区的其他采煤方法相比，其工作面产量较高，同时由于工作面煤壁处于回采工作空间的下方，不易产生煤壁冒落伤人事故。其缺点是：①巷道掘进量较大；②由于上部回风平巷在采空区中维护困难，所以有时采空区的充填未达到预定高度，就因巷道已破坏而无法继续充填工作。

三、急倾斜注浆充填采煤法

注浆充填采煤法与走向长壁分带仰斜采煤法相似，采用通用的采煤工艺和巷道布置方式，只是在矸石充填后增加了注浆充填工艺。注浆系统包括注浆泵、搅拌机、水箱、水玻璃容器、输浆胶管、混合器和注浆钢管等设备。注浆泵将两种不同的浆液泵送至采空区附近，由混合器在距离采空区 2 m 处将两种浆液混合，而后通过注浆钢管注入充满矸石的采空区内。

这种充填方法在龙湖煤矿南二采区得到应用，由于南二采区位于水体下，为了防止采后导水裂隙带贯通水体造成工作面透水，该矿采用矸石充填 + 注浆充填的混合充填方法管理采空区，取得了较好的应用效果，注浆充填工艺如图 2 - 6 所示。与传统的急倾斜煤层充填方法相比，这种充填方法能够提高充填体的内聚力，从而提高充填材料的整体强度，达到控制顶板导水裂隙的发育扩展的目的。经现场试验，当矸石粒径在 100 ~ 150 mm、水灰比为 0.8 : 1.0 时，充填体强度为 3.76 MPa，并随着矸石粒径的降低而增大。

注浆充填的主要优点是：能够提高充填材料的整体强度，能够更好地控制顶板岩层裂隙带的发育。缺点是：增加了注浆充填工序，提高了充填成本；需购买注浆充填设备，初期投入较大。这种充填方法适用于需要严格控制岩层移动的"三下"压煤条件下的矿井。

四、充填开采方法应用效果比较

鉴于对以上急倾斜煤层充填开采方法的分析，对伪斜工作面走向长壁充填采

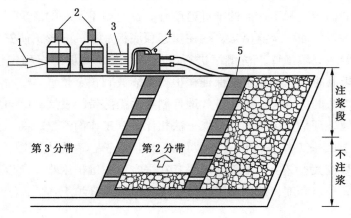

1—水泥浆液；2—搅拌机；3—水玻璃；4—注浆泵；5—三通接头

图 2-6 注浆充填胶结系统

煤法、走向长壁分带仰斜充填采煤法、倒台阶工作面充填采煤法、掩护支架充填采煤法以及急倾斜注浆充填采煤法进行比较，得出各种充填采煤法的应用情况，见表 2-1。

表 2-1 充填采煤法应用情况对比

采煤方法	工作面产量	采出率	作业安全	劳动强度	掘进率	材料消耗	采煤工艺	充填工艺
走向长壁	一般	高	差	高	一般	一般	复杂	简单
分带仰斜	低	较高	差	高	较高	较高	复杂	简单
倒台阶	高	一般	一般	较高	一般	一般	一般	简单
掩护支架	低	较高	较好	一般	高	低	简单	简单
注浆充填	低	较高	一般	较高	较高	高	一般	复杂

根据表 2-1，可以得出以下结论：

（1）在采出率和工作面产量方面，走向长壁充填采煤法、倒台阶充填采煤法、掩护支架充填采煤法表现较好，能够满足大中型煤矿对煤炭产量的要求，减少资源浪费给煤矿带来的经济损失。而其他三种采煤法虽然采出率较高，但产量较低，分带仰斜充填采煤法的月产量仅有 800~1500 t，仅适合中小型矿井。

（2）在作业安全性和工人劳动强度方面，掩护支架充填采煤法优势比较明显，由于工人是在支架的保护下进行作业，因此其安全性较好，并且工作面向下推进，降低了劳动强度。其余4种方法的工人都是在充填体上作业，一旦充填体强度不够或内部存在空隙造成局部塌陷，将会直接威胁作业人员的人身安全。同时，开采煤壁在工作面斜上方或正上方，也给作业的安全性带来一定威胁。

（3）在掘进率和材料消耗方面，这5种充填法的巷道掘进量都比较大，其中掩护支架充填采煤法最高，但材料消耗最低，适当降低了吨煤成本。由于注浆充填法采用矸石＋注浆的混合充填方式，材料消耗量最大，吨煤成本最高，因此这种方法仅适用于"三下"开采时对地表下沉有严格要求的条件使用。

（4）在采煤和充填工艺方面，掩护支架充填采煤法的工艺最为简单，倒台阶充填采煤法次之，注浆充填采煤法工艺最为复杂。

通过上述分析可以看出，掩护支架充填采煤法的优势最为突出，但该方法采用留煤柱分带开采，不仅巷道掘进工程量较大、资源浪费严重，而且工作面较短，搬家倒面次数较多，增加了生产成本，影响了工作面产量的提高，同时，工作面通风线路短，影响通风效果。

第二节　斜坡柔性掩护支架充填开采方法优化研究

随着急倾斜煤层开采技术的不断完善和开采设备的不断进步，越来越多的采煤方法在急倾斜煤矿中得到应用，并取得了非常好的效果，柔性掩护支架采煤法就是其一。这种采煤法最初在淮南大通煤矿试采应用，随后逐渐推广至全国，如淮南矿区，新疆的六道湾煤矿、东山煤矿，东北的北票矿区，华北的开滦煤矿，广东的南岭煤矿、红工煤矿，四川的天府煤矿、中梁山煤矿以及青海的大通煤矿等，在推广和应用的过程中根据各煤矿的实际情况不断发展、完善，逐渐演变出多种柔性掩护支架采煤方法，斜坡柔性掩护支架采煤法就包含在其中。这种采煤法克服了掩护支架采煤法的一些缺点，不仅使巷道掘进率降低，采区内不留煤柱或少留煤柱，煤炭采出率提高，而且改善了工作面的通风环境，采区上、下水平各设置了一个安全出口，工作面实现负压通风，通风系统安全可靠。因此，下面在详细分析柔性掩护支架采煤法的基础上，根据该采煤法的采煤工艺和巷道布置特点，对斜坡柔性掩护支架采煤法充填技术及工艺进行优化研究。

在详细分析柔性掩护支架采煤法的基础上，鉴于掩护支架采煤法的优势和诸多不足，在充分掌握斜坡柔性掩护支架采煤法巷道布置及回采工艺特点的前提下，研究了该采煤法的充填技术工艺，提出了自移式抛矸机充填系统和耙斗绞车充填系统。在深入分析影响充填率各因素的基础上，对斜坡柔性掩护支架采煤法耙斗绞车充填工艺进行优化研究。通过研究不同充填距离对采空区矸石的下沉特点，提出了最佳充填距离的概念，并得出最佳充填距离与工作面初始垂高、工作面推进距离、工作面伪斜角、斜坡运输巷倾角以及尾轮移动距离之间的关系不等式，为充填距离的合理选择提供理论指导。

一、斜坡柔性掩护支架充填采煤法

1. 巷道布置方式

斜坡柔性掩护支架采煤法巷道采用斜坡采煤法的巷道布置方式，在阶段下部，由阶段运输大巷经采区运输石门进入煤层，在阶段上部，则由阶段回风大巷经采区回风石门见煤。采区巷道布置在煤层中，斜坡运输巷沿伪斜布置，伪斜角度为 $25° \sim 30°$，工作面沿煤层走向连续推进。回采单元叫作仓，每个仓的工作面长度为 $50 \sim 70$ m，首先在回风水平掘进开切眼，布置工作面，形成回采系统，工作面坡度保持在 $25° \sim 30°$，收尾时坡度调整为 $25° \sim 27°$；距上仓头 5 m 范围内，坡度不大于 $18°$。巷道布置如图 2−7 所示。

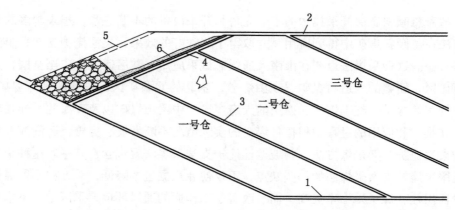

1—运输巷；2—回风巷；3—溜煤斜坡；4—采煤工作面；5—开切眼；6—矸石垫层

图 2−7　斜坡柔性掩护支架采煤法巷道布置图

2. 回采工艺

工作面采用爆破落煤、中部槽自溜运煤、调整支架下放的回采工艺。工作面中的炮眼布置根据煤层厚度和煤的软硬不同而定，煤层较薄时布置单排炮眼，煤层较厚且硬度较大时布置双排炮眼，当煤厚大于 3 m 时，将工作面贴近底板布置，在工作面台阶顶板一侧的架角打眼爆破，放出顶煤。落煤后，自下而上逐步铺设中部槽，人工擢煤，使煤沿中部槽自溜运出工作面。与此同时，支架在自重和采空区矸石压应力作用下逐渐下落到新的位置，调整支架始终与顶底板保持垂直，但为了避免支架切入底板，保证其在下一循环顺利下滑，应使支架具有一定的仰角。即支架钢梁与煤层顶底板法线之间保持 3°～5° 的夹角。

　　回采时首先对一号仓进行回采，在工作面向下推进的过程中不断续架，工作面不断加长，最终实现对一、二、三号仓同时开采。上、下仓同时推采时，上仓的下端头与下仓的上端头错距控制在 3 m 以内，并保证上仓超前下仓。

　　3. 充填技术及工艺研究

　　由于工作面沿伪斜布置，采空区在柔性掩护支架上方，因此不能选择膏体材料、胶结材料、（超）高水材料等含水量较高的材料作为充填介质，只能选择固体材料对采空区进行充填，矸石成为最为理想的充填材料。当工作面选用矸石对采空区进行充填时，充填矸石可来自地面矸石山或井下各水平开拓巷道，矸石经运输至采区回风水平，经回风石门进入区段回风巷，由于区段回风巷既要保证运料和行人，又要作为充填辅助巷道运输矸石，需要把回风巷道扩宽成 1.5～2.5 m 的底板巷道。充填点选择在工作面上端头处，由布置在回风巷的带式输送机运送矸石至工作面上端头，根据回风巷的尺寸及设备布置情况，可选用自移式抛矸机、耙斗绞车等设备对采空区进行充填。在此，分别对自移式抛矸充填系统和耙斗绞车充填系统进行研究对比。

　　1）自移式抛矸充填系统

　　采用自移式抛矸机充填时，运矸输送机和抛矸机均布置在底板巷一侧。在充填时，运矸输送带保持矸石的连续运输，输送机机尾布置在超前工作面上端头 5 m 左右的位置，将输送机机尾搭载至抛矸机尾部，而后通过抛矸机将矸石抛入采空区，设备布置如图 2-8 所示。这种充填方式的优点是：①充填效率高，配合自张紧带式输送机后可以实现矸石的连续充填；②随着工作面的推进，充填设备可自行移动，设备布置灵活、方便；③机械化程度高，降低了工人的劳动强度。缺点是：①自移式抛矸机体积较大，需要对回风巷加高和拓宽，增加了巷道的掘进和维护费用；②设备初期投资较高；③抛矸机的抛矸距离受到巷道高度的限制，充填率降低。

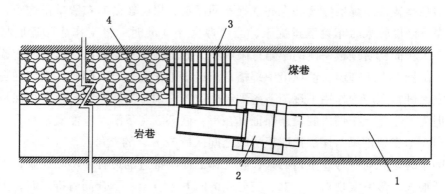

1—带式输送机；2—自移式抛矸机；3—工作面上端头；4—采空区

图 2-8　自移式抛矸机充填设备布置图

2）耙斗绞车充填系统

采用耙斗绞车充填时，将带式输送机机尾布置在距上端头 5～10 m 内岩巷一侧，耙斗绞车布置在输送机机尾远离上端头方向 5 m 处煤巷一侧，绞车尾轮布置在采区边界回风巷顶板处。矸石充填时，矸石通过输送机运至上端头 5～10 m 处，由耙斗将矸石耙入采空区，上端头设备布置如图 2-9 所示。这种充填方式的优点是：①耙斗绞车的耙矸距离较远，可以实现远距离充填，提高了矸石充填率；②设备初期投资低。缺点是：①充填效率较低；②需要固定耙斗绞车，设备移动困难。

鉴于急倾斜煤层工作面规模小、产量低的特点，一次性资金投入不易过高，且耙斗绞车的充填能力完全可以满足生产进度的要求，无须采用机械化程度较高、充填速度较快的自移式抛矸充填系统。因此，选择耙斗绞车充填系统对急倾斜煤层柔掩工作面充填是合理可行的。

二、充填率影响因素分析

在实际充填开采过程中，矸石充填率由多方面因素决定，主要包括矸石供应量、运矸及充填系统可靠程度、充填巷的维护状况、耙矸绞车最远充填距离、绞车尾轮前移距离、充填与开采间隔时间、采空区顶底板移进量等。下面对各影响因素进行分析。

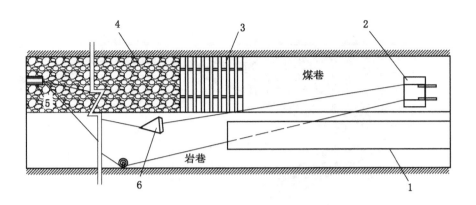

1—带式输送机；2—耙斗绞车；3—工作面上端头；4—采空区；5—耙斗绞车尾轮；6—耙斗

图2-9　耙斗绞车充填设备布置图

（1）矸石供应量和运矸充填系统的可靠程度决定了充填矸石能否满足充填需求，矸石供应量不足或者充填系统出现故障势必会影响充填工作的顺利进行。

（2）采空区一侧回风巷的维护质量和最远充填距离直接影响矸石充填率。工作面向前推进时，柔掩支架带动上覆矸石整体下移，邻近上端头一侧的矸石垫层薄，下移过程很快传递至顶部，而靠近下端头一侧的矸石垫层较厚，下移过程传递速度慢。如果充填距离短或者充填巷破坏严重，在下端头一侧的矸石下沉传递至顶端时，已无法对该下沉区进行充填，导致充填率下降。由于上部回风平巷在采空区中受采动影响较大，需做好充填巷的支护和维护工作，可使用锚网喷＋锚索的支护方式，确保采空区在达到预定充填高度前巷道不被破坏。

（3）充填与开采间隔时间过长，顶底板会向采空区发生弯曲变形甚至破坏，采空区空间变小，无法充入与采出煤量相匹配的矸石，从而影响整体充填效果，不能达到控制岩层移动和减小地表下沉的目的。

三、充填工艺优化研究

斜坡柔性掩护支架工作面在充填过程中，最远充填距离 l 也就是耙斗绞车的最远行程决定了矸石充填率的大小，因此应尽可能使最远充填距离 l 大于工作面水平投影距离 s，当 $l=s$，绞车行程达到最大时，尾轮由图2-10a中 a 位置向前移动一定距离 m 到达 b 位置，随着工作面向前推进，充填区域矸石出现下沉，

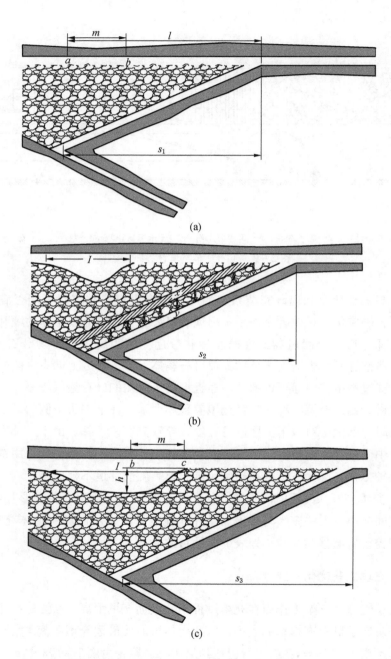

图 2-10 $l = s$ 时充填矸石随工作面推进下移形态

如图 2 - 10b 所示，Ⅰ区域为矸石下沉带。下沉的主要原因是柔掩支架由图 2 - 10b 中 x 处下移至图 2 - 10b 中 y 处，并带动其上方矸石向下移动，矸石下移逐渐向上传递。充填点 b 以内的采空区能够得到及时充填，整体形态保持不变，而位于充填点以外的区域没有矸石进行补充，因此随支架下移而缓慢下沉，下沉带的宽度由尾轮移动距离 m 和矸石自然安息角决定，尾轮移动距离越远、矸石自然安息角越小，下沉带宽度越大。

工作面继续向前推进，如图 2 - 10c 所示，矸石下沉盆地进一步扩大，在不考虑其他影响因素的情况下，充填矸石的最大下沉值 h 与工作面水平投影距离和最远充填距离的比值成正比。

通过以上分析可知，为了达到最佳充填效果，最远充填距离应大于工作面水平投影距离 s 与尾轮移动距离 m 之和，即 $l > s + m$。因此可以得出最佳充填距离的公式为

$$l > \frac{H}{\tan\alpha} + m \qquad (2-1)$$

式中，H 为区段工作面垂高，α 为工作面伪斜角。工作面垂高 H 随着工作面推进距离 α 的增加而增大，当工作面初始垂高为 H_0 时，推进距离为 a 时，H 与 a 之间的关系式如下：

$$H = H_0 + \frac{a \cdot \sin\alpha \cdot \sin\beta}{\sin(180° - \alpha - \beta)} \qquad (2-2)$$

式中，β 为斜坡运输巷的伪斜角，将式（2 - 2）代入式（2 - 1）中，则最佳充填距离可以表示为

$$l > \frac{H_0}{\tan\alpha} + \frac{a \cdot \cos\alpha \cdot \sin\beta}{\sin(180° - \alpha - \beta)} + m \qquad (2-3)$$

最佳充填距离越小，矸石的运输距离越短，巷道维护量也就越低，越有利于充填工作的进行。由式（2 - 3）可以看出，工作面初始垂高（H_0）、尾轮移动距离（a）、工作面推进距离（m）和斜坡运输巷角度（β）的增加以及工作面伪斜角（α）的减小都会使最佳充填距离增大，其中前三者的影响程度较为直观，为了研究 α、β 对最佳充填距离的影响，在确定工作面初始垂高和尾轮移动距的前提下，通过改变工作面的推进距离来分析工作面伪斜角和斜坡角度的影响程度。

当初始工作面垂高为 20 m、尾轮移动距离为 20 m 时，最佳充填距离与工作面伪斜角和斜坡巷伪斜角的关系见表 2 - 2。

表2-2 l 与 α 和 β 的关系

推进距离		20 m			40 m			60 m			80 m			100 m		
工作面伪斜角 α		23°	26°	30°	23°	26°	30°	23°	26°	30°	23°	26°	30°	23°	26°	30°
斜坡角 β	30°	78.6	71.9	64.6	90.2	82.7	74.6	101.7	93.5	84.6	113.2	104.4	94.6	124.7	115.2	104.6
	26°	77.8	71.0	63.8	88.5	81.0	73	99.2	91.0	82.1	109.9	101.0	91.3	120.6	111.0	100.4
	23°	77.1	70.3	63.1	87.1	79.6	71.6	97.1	88.9	80.1	107.1	98.2	88.5	117.1	107.5	97.0

对表2-2进行分析,在工作面伪斜角 $\alpha = 23°$ 时,当工作面推进20 m时,斜坡角 β 由30°减小至23°,最佳充填距离 l 由78.6 m降至77.1 m,降低幅度为1.5 m;当工作面推进100 m时,最佳充填距离 l 由30°时的124.7 m降至23°时的117.1 m,降低了7.6 m。在斜坡角 $\beta = 23°$ 的情况下,当推进距离为20 m时,工作面伪斜角 α 从23°变为30°,最佳充填距离 l 由77.1 m降低至63.1 m,减少了14 m;当推进距离为100 m时,最佳充填距离 l 随工作面伪斜角 α 增大而降低的幅度增大到20.1 m。由表2-1可知,工作面每推进20 m,根据倾角不同,最佳充填距离都会增加 $10 \sim 11.5$ m,因此可以得出以下结论:

(1)工作面伪斜角 α 和斜坡巷伪斜角 β 的变化对最佳充填距 l 的影响程度都随工作面推进距离的增加而增大,但 β 减小对降低充填距离的优化程度远小于 α 。因此,在保证作业安全且工艺允许的前提下,尽可能增大工作面的伪斜角度,并适当减小斜坡运输巷角度和尾轮移动距离,降低最佳充填距离,从而达到提高矸石充填率的目的。

(2)最佳充填距离随着工作面的推进而不断增加。因此需要根据推进距离调整尾轮每次的移动距离,使每个循环工作面的推进距离大于尾轮前移距离。由于在计算时没有考虑矸石的块度、含水率等因素对下沉速度的影响,在实际充填过程中需根据矸石的下沉速度和充填巷的维护情况适当调整充填距离。

第三节　急倾斜煤层充填采煤法适用性评价

本节通过详尽细致地分析充填采煤法选择的影响因素,建立了急倾斜煤层充填开采方法适用性评价模型,对备选充填方法进行直观量化地综合评判,为方法的选择提供了依据。

一、评价方法选择

急倾斜煤层充填开采方法的合理选择需要考虑的因素纷繁复杂，并且许多因素无法量化，因此不能采用传统的数学方法对其进行直观评价，这给方法的选择带来很大困难。在深入研究急倾斜煤层充填开采影响因素的基础上，决定采用模糊层次分析法对急倾斜煤层充填采煤法适用性进行评价。模糊层次分析法运用模糊数学、层次分析、数理统计等现代数学理论，并结合传统的经验评价方法，能够解决评价因素无法量化的问题，可以对不同专家对不确定因素给出的描述进行分析并加以综合评价，避免了绝对评价。此方法是基于模糊数学理论的一种综合评价方法，根据该理论的隶属度理论可以将定性评价转化为定量评价，使评价结果更加直观、清晰。

二、影响因素集确定

在选择急倾斜煤层充填开采方法时，由于急倾斜煤层的特殊地质构造，选择合理的充填开采方法需要考虑两个层次的影响因素，即复合因素和基元因素。对这些因素进行归纳分析得出评价因素集，如图 2 – 11 所示。

由评价因素集可知，在评价因素结构中，复合评价因素有 4 个，分别为地质因素（U_1）、技术经济因素（U_2）、安全因素（U_3）和其他影响因素（U_4），这 4 个复合评价因素又包括 19 个基元因素，如图 2 – 11 所示，下面对以上复合评价因素进行分析：

1. 地质因素

急倾斜煤层在形成过程中或在形成以后经历了剧烈的地质构造活动，对煤层的赋存状态产生深远影响，煤层倾角的大小决定了充填工作面的落煤、运煤方式以及采场的支护形式；开采厚度以及煤层结构决定了采煤方法的选择；如果煤层在含水层附近，则需要提高充填率和充填体强度，防止采动裂隙导通含水层发生透水事故。因此，在选择充填开采方法时需要对这些因素进行详尽地分析。

2. 技术经济因素

技术可行、经济合理是评价开采方法的根本依据，急倾斜煤层相比缓倾斜煤层而言，开采工艺相对复杂，在此基础上增加充填工序将会使整体工艺更加烦琐，因此，简便的充填工艺对于开采急倾斜煤层显得尤为重要；充填巷的服务时间决定了采空区的充填率和充填效果；掘进率、工效、工作面产量、采出率以及

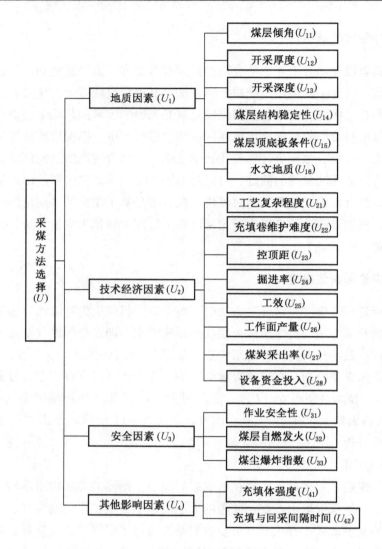

图 2-11　充填开采方法评价因素集

初期设备资金投入决定了矿井的生产成本和经济效益。

3. 安全因素

作业安全是评价急倾斜充填开采方法的一个重要因素，回采和充填环节的安全是保证矿工人身安全的前提，应尽可能使工作面与采空区隔离，防止矸石滚落而砸伤人员；当煤层易自燃发火时，需要保证煤炭采出率和充填率，减少采空区残存煤量并尽可能封闭采空区，防止采空区自燃。

4. 其他影响因素

充填致密程度越高、充填体强度越大，充填体控制围岩的能力越强，从而减小岩层移动，控制地表下沉；同时应尽可能保证采空区随采随充，以降低顶底板移进对充填巷、煤柱的影响。

三、确定评判集

急倾斜煤层充填开采方法适用性评价可分为三个等级：$V = \{$可行,基本可行,不可行$\}$。根据三个等级划分，通过制作适用性评判表，组织"专家组"对备选方法进行单独评价，将评判结果进行汇总，见表 2 - 3，而后对各指标进行量化处理。

表 2 - 3　充填开采方法适用性评判表

复合因素	基元因素	评判参考标准		采煤方法 1				采煤方法 2			
		好	差	好	较好	一般	差	好	较好	一般	差
地质因素	煤层倾角	充填开采方法适应煤层倾角	充填开采方法不适应煤层倾角								
	开采厚度	符合煤层厚度开采要求	不符合煤层厚度开采要求								
	开采深度	煤层埋深较浅时，能够保证充填效果，防止地表沉陷	煤层埋深较浅时，不能保证充填效果，地表沉陷严重								
	煤层结构稳定性	能够适应复杂地质构造和不稳定煤层开采	不能适应复杂的地质构造和不稳定煤层开采								
	煤层顶底板条件	对围岩不稳定的煤层具有很好的适应性	不能适应围岩不稳定的煤层开采								
	水文地质	能够保证充填效果，避免采动裂隙导通含水层	不能保证充填效果，采动裂隙导通含水层								

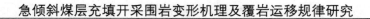

表2-3（续）

复合因素	基元因素	评判参考标准		采煤方法1				采煤方法2			
		好	差	好	较好	一般	差	好	较好	一般	差
技术经济因素	工艺复杂程度	回采及充填工艺简单，回采和充填工作互不影响	回采及充填工艺复杂，回采和充填工作相互制约								
	充填巷维护难度	充填巷易于维护，有利于提高充填率	充填巷维护困难								
	控顶距	适当的控顶距有利于回采和充填工作的进行	控顶距过大或过小都不利于回采和充填工作的进行								
	掘进率	万吨掘进率低	万吨掘进率高								
	工效	生产工艺先进，机械化程度高，劳动效率高	生产工艺落后，机械化程度低，劳动效率低								
	工作面产量	机械化程度相对较高，工作面单产高	机械化程度相对较低，工作面单产低								
	煤炭采出率	煤炭损失较少，资源回收率高	煤炭损失严重，资源回收率低								
	设备资金投入	可以使用煤矿现有设备，资金投入小	需额外购买设备，资金投入大								
安全因素	作业安全性	工作面安全性好，通风良好，无瓦斯聚集区域	工作面安全性差，通风不畅								
	煤层自燃发火	充填开采方法不易引起采空区残煤自燃	充填开采方法容易引起采空区残煤自燃								
	煤尘爆炸指数	工作面粉尘小，粉尘爆炸危险性低	工作面粉尘大，粉尘爆炸危险性高								

表 2-3（续）

复合因素	基元因素	评判参考标准		采煤方法 1				采煤方法 2			
		好	差	好	较好	一般	差	好	较好	一般	差
其他影响因素	充填体强度	充填体强度高，能够很好地控制围岩移动	充填体强度低，围岩移动变形严重								
	充填与回采间隔时间	采用随采随充的充填开采方式，充填与回采间隔时间短，控制了岩层移动变形	充填与回采间隔时间长，煤层顶底板移进量大								

根据调查表可得基元因素集相对于复合评价因素的评价矩阵：

$$\boldsymbol{R}_i = \left[r_{ijk} \right]_{m \times p}$$

式中，$i = 1, 2, \cdots, n$；$j = 1, 2, \cdots, m$；$k = 1, 2, \cdots, p$。γ_{ijk} 为因素 U_{ij} 相对于上述评语集 V 的第 k 个评价等级的隶属度。

从而有基元因素集相对于总目标的综合评价矩阵 R：

$$R = \begin{bmatrix} W_{(1)} & \cdots & R_{(1)} \\ W_{(2)} & \cdots & R_{(2)} \\ \vdots & & \vdots \\ W_{(n)} & \cdots & R_{(n)} \end{bmatrix}_{m \times p}$$

式中，W 为因素权重。

四、确定因素权重

本书选用模糊层次分析法（即 FAHP 法）确定各因素权重。首先通过采用元素间两两比较的方法构建模糊判断矩阵，得到模糊互补判断矩阵 $A = (U_{ij})_{n \times n}$，对各因素进行量化。因素间两两比较的方法通常采用 0.1~0.9 标度法来定量。而后求解各因素的相对重要性以确定最终权重，将互补矩阵采用算数平均的方法进行综合，得到模糊一致性判断矩阵 $F = \left[k_{ij} \right]_{n \times n}$，最后对其进行归一化，如式（2-4）所示：

$$k_{ij} = \frac{1}{n} \sum_{k=1}^{n} (r_{ik} - r_{jk} + 0.5) \tag{2-4}$$

$$W_i = \frac{1}{n} - \frac{1}{2u} + \frac{1}{nu} \times \sum_{j=1}^{n} k_{ij} \tag{2-5}$$

其中，n 为模糊一致判断矩阵 F 的阶数，且 $u \geqslant \dfrac{n-1}{2}$。令 $u = \dfrac{n-1}{2}$，则有

$$W_i = \frac{1}{n(n-1)} \left(2 \times \sum_{j=1}^{n} k_{ij} - 1 \right) \tag{2-6}$$

最后对急倾斜充填开采方法地质因素、技术经济因素、安全因素、其他影响因素 4 个复合评价因素建立模糊判断矩阵，得复合评价因素的模糊互补矩阵 A 为

$$A = \begin{bmatrix} 0.5 & 0.4 & 0.8 & 0.7 \\ 0.6 & 0.5 & 0.8 & 0.8 \\ 0.2 & 0.2 & 0.5 & 0.6 \\ 0.3 & 0.2 & 0.4 & 0.5 \end{bmatrix}$$

按算术平均法进行一致转换得模糊一致性矩阵 F 为

$$F = \begin{bmatrix} 0.5 & 0.425 & 0.725 & 0.75 \\ 0.575 & 0.5 & 0.8 & 0.825 \\ 0.275 & 0.2 & 0.5 & 0.525 \\ 0.25 & 0.175 & 0.475 & 0.5 \end{bmatrix}$$

将模糊一致性矩阵代入式（2-6）求得各复合评价因素的权重为

$$W = (0.317 \quad 0.367 \quad 0.166 \quad 0.15)^{T}$$

同理，对各基元因素的权重向量进行计算，地质因素的基元因素模糊互补矩阵为

$$A_1 = \begin{bmatrix} 0.5 & 0.3 & 0.6 & 0.3 & 0.3 & 0.4 \\ 0.7 & 0.5 & 0.6 & 0.4 & 0.4 & 0.4 \\ 0.4 & 0.4 & 0.5 & 0.4 & 0.5 & 0.4 \\ 0.7 & 0.6 & 0.7 & 0.5 & 0.5 & 0.5 \\ 0.7 & 0.6 & 0.5 & 0.5 & 0.5 & 0.5 \\ 0.6 & 0.6 & 0.6 & 0.5 & 0.4 & 0.5 \end{bmatrix}$$

技术经济因素的基元因素模糊互补矩阵为

$$\boldsymbol{A}_2 = \begin{bmatrix} 0.5 & 0.6 & 0.7 & 0.7 & 0.9 & 0.7 & 0.6 & 0.6 \\ 0.4 & 0.5 & 0.6 & 0.7 & 0.8 & 0.7 & 0.6 & 0.6 \\ 0.3 & 0.4 & 0.5 & 0.6 & 0.6 & 0.5 & 0.4 & 0.4 \\ 0.3 & 0.3 & 0.4 & 0.5 & 0.6 & 0.4 & 0.4 & 0.3 \\ 0.1 & 0.2 & 0.4 & 4 & 0.5 & 0.3 & 0.4 & 0.2 \\ 0.3 & 0.3 & 0.5 & 0.4 & 0.7 & 0.5 & 0.5 & 0.5 \\ 0.4 & 0.4 & 0.6 & 0.6 & 0.6 & 0.5 & 0.5 & 0.4 \\ 0.4 & 0.4 & 0.6 & 0.7 & 0.8 & 0.5 & 0.6 & 0.5 \end{bmatrix}$$

安全因素的基元因素模糊互补矩阵为

$$\boldsymbol{A}_3 = \begin{bmatrix} 0.5 & 0.7 & 0.8 \\ 0.3 & 0.5 & 0.7 \\ 0.2 & 0.3 & 0.5 \end{bmatrix}$$

其他影响因素的基元因素模糊互补矩阵为

$$\boldsymbol{A}_4 = \begin{bmatrix} 0.5 & 0.4 \\ 0.6 & 0.5 \end{bmatrix}$$

对各模糊互补矩阵进行一致性和归一化处理,最后求得各基元因素相对复合因素的权重向量。地质因素的基元权重向量为

$$\boldsymbol{W}_1 = (0.132 \quad 0.167 \quad 0.131 \quad 0.205 \quad 0.192 \quad 0.173)^{\mathrm{T}}$$

技术经济因素的基元权重向量为

$$\boldsymbol{W}_2 = (0.166 \quad 0.152 \quad 0.116 \quad 0.1 \quad 0.078 \quad 0.122 \quad 0.125 \quad 0.141)^{\mathrm{T}}$$

安全因素的基元权重向量为

$$\boldsymbol{W}_3 = (0.5 \quad 0.333 \quad 0.167)^{\mathrm{T}}$$

其他影响因素的基元权重向量为

$$\boldsymbol{W}_4 = (0.4 \quad 0.6)^{\mathrm{T}}$$

由此可以得出最终基元因素相对于总目标的权重,见表2-4。

表2-4　各因素权重计算结果

复合评价因素	权重	基元因素	相对权重	因素权重
地质因素	0.317	煤层倾角	0.132	0.0418
		开采厚度	0.167	0.053
		开采深度	0.131	0.0415

表 2 - 4 (续)

复合评价因素	权重	基元因素	相对权重	因素权重
地质因素	0.317	煤层结构稳定性	0.205	0.0650
		煤层顶底板条件	0.192	0.0609
		水文地质	0.173	0.0548
技术经济因素	0.367	工艺复杂程度	0.166	0.0609
		充填巷维护难度	0.152	0.0558
		控顶距	0.103	0.0378
		掘进率	0.1	0.0367
		工效	0.102	0.0374
		工作面产量	0.078	0.0286
		煤炭采出率	0.125	0.0459
		设备资金投入	0.174	0.0639
安全因素	0.166	作业安全性	0.5	0.083
		煤层自燃发火	0.333	0.0553
		煤尘爆炸指数	0.167	0.0277
其他影响因素	0.15	充填体强度	0.4	0.06
		充填与回采间隔时间	0.6	0.09

五、充填采煤法评价模型的建立

在评判矩阵和因素权重确定后，可以得出综合评价结果 $B = WR = (b_1, b_2, \cdots, b_p)$，为了使评价结果更加直观，对评判集采用百分制原则进行评判，令评判集 $V = \{好，一般，差\} = \{100 \sim 80, 80 \sim 60, < 60\}$，各等级分数重心依次为：90，70，30，则急倾斜煤层充填采煤法的最终评价模型为

$$U = RW = \begin{pmatrix} r_{11} & r_{12} & \cdots & r_{1n} \\ r_{21} & r_{22} & \cdots & r_{2n} \\ \vdots & \vdots & & \vdots \\ r_{m1} & r_{m2} & \cdots & r_{mn} \end{pmatrix} \cdot (w_1 \quad w_2 \quad \cdots \quad w_m) \cdot V^T$$

通过以上模型对备选充填采煤法进行计算，得出综合评价得分，能够反映出各备选方法对某种特定地质条件下急倾斜煤层充填开采的适应程度，分数最高者

即为最优方案。为了更加直观地比较各备选方案的优劣程度，可以综合评价值进行细化，见表2-5。

表2-5　备选充填采煤法综合评价等级

评价等级	I	II	III	IV
备选方案得分	80~100	70~80	60~70	0~60

由表2-5可以看出，当方案评分在80~100分时为I级，说明方案适合对该条件煤层进行回采；当方案评分在70~80分时为II级，说明方案比较适合该煤层的充填开采；当方案评分在55~70分时为III级，说明方案对该条件的煤层回采具有一定的适应性，但效果一般；当方案评分小于60分时为IV级，说明采用这种方法进行充填开采所取得的技术、经济指标值较低，不建议采用。

第三章　急倾斜煤层充填开采围岩变形机理研究

本章的主要研究工作围绕围岩移动变形的影响因素而展开，为了研究各因素对采场及地表岩层的移动变形影响程度，分别对单因素影响条件下采场围岩的移动变形规律和多因素影响条件下地表沉陷规律进行了研究。

第一节　急倾斜煤层充填开采围岩变形理论研究

一、围岩移动及结构特征

1. 垮落法开采围岩移动特征

由于急倾斜煤层倾角较大，岩石重力作用方向与岩石层理面方向夹角变小等特殊的赋存条件，地质构造相比缓倾斜煤层复杂得多，与缓倾斜煤层相比其覆岩变形机理也有很大的区别，主要表现在围岩移动规律、顶板冒落形态、巷道变形和地表下沉规律等方面。

在开采急倾斜煤层时，工作面一般沿倾斜或伪斜方向布置，沿走向推进，煤层开采后，采场周围原有的应力平衡状态遭到破坏，直接顶失去支撑而逐渐失稳，采空区直接顶垮落并向采空区底部滚落，支撑采空区下部顶板，采空区上部形成冒落带。随着冒落带的扩展，基本顶岩层在上覆岩层施加的轴向力和横向力的作用下沿垂直于煤层倾斜方向向采空区发生弯曲变形，随着煤层的不断开采，弯曲变形范围逐渐扩大并沿垂直于岩层层理面方向逐层向上传递，使得基本顶开始移动甚至破坏。急倾斜煤层与缓倾斜煤层存在较大差异，围岩破坏范围主要集中在采空区偏上山的方向上，冒落带呈现非对称的楔形破坏区，在楔形破坏区顶部，岩层轴向失去支撑，产生剪切变形破坏，上覆岩层形成弯曲变形带。破坏形态如图 3-1 所示。

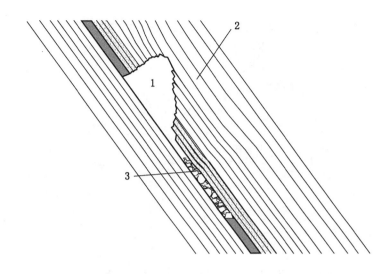

1—楔形破坏区；2—弯曲变形带；3—直接顶垮落矸石

图3-1　急倾斜煤层开采楔形破坏区

随着采空区面积的扩大，当直接顶垮落高度达到煤层开采厚度的3~5倍时，基本顶岩层逐渐沉降在直接顶垮落的破碎矸石上。当基本顶岩层强度较低时，上覆岩层移动带边界形成一定角度的断裂裂隙，基本顶岩层形成拱形下沉区，阻断了拱内个别岩层间的相互联系，上覆岩层的横向应力无法进行传递，从而形成卸载拱结构。在卸载拱以外的岩层则出现应力增高的支撑压力区。如图3-2所示。

根据现场实际观测研究，采用垮落法开采急倾斜煤层后，顶板沿工作面方向的下沉量通常是非均匀的，一般情况下采空区上部和中部下沉量比工作面下部大，其围岩移动和破坏的影响范围也向采空区上部边界偏移。研究表明，采用垮落法开采急倾斜煤层，顶板岩层除了沿竖直方向发生移动外，还沿层理面向采空区方向滑落。随着煤层倾角加大，顶板岩层沿层理面方向的重力分量增大，使顶板岩层沿层理面方向的移动更加明显。当煤层倾角大于50°时，且底板围岩比较破碎时，底板岩石也会发生沿层理面的移动。

2. 充填开采围岩移动及结构特征

由于急倾斜煤层特殊的构造形态和采煤方法的局限性，在充填开采时，充填材料的选择比较单一，一般选用矸石作为充填介质，随着充填技术的进步，矸石

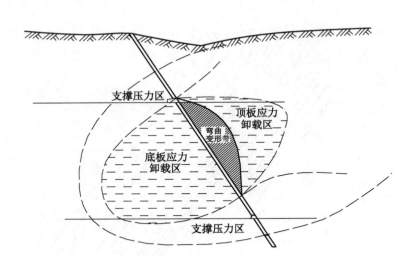

图 3-2　垮落法开采围岩应力分布图

加注浆充填也逐渐在急倾斜矿井得到应用。当选用矸石充填急倾斜煤层采空区时，在顶底板岩层未出现明显移动之前，将矸石充入采空区，矸石沿着底板向采空区下部滚落并逐渐充满采空区。由于充填矸石是松散体，在充填初期，由于原有应力场被破坏，顶底板仍然产生向采空区一侧的变形移动，在接触到充填矸石后，顶底板移进速度减缓并逐渐停止，上覆岩层向顶底板传递的载荷也逐渐传递至充填矸石上并将其压实。在这一过程中，顶底板只产生弯曲变形而不会出现垮落，采场的应力变化特征表现为：开采初期采空区出现应力释放区，当充填体充入采空区后变为应力恢复区。

　　由于在冲力的作用下，采空区下部矸石的相对压实度比上部大，在覆岩压力的作用下，应力恢复速度要快于采空区上部充填矸石，并首先达到新的平衡状态，下部顶板发生二次沉降的距离也要小于采空区上部。顶底板破碎时，在充填体的作用下，直接顶逐渐弯曲并发生断裂，能够阻止上覆岩层沿层理面轴向应力的传递，降低了采空区应力恢复区的应力程度。由于充填矸石对顶底板的支撑作用，使支撑压力区的影响范围向采场中部集中，降低了未采煤柱和回风水平以上煤柱的支撑应力，如图 3-3 所示，减小了支撑压力区的影响程度，从而能够改善采区巷道的受力环境，减轻巷道围岩的移动变形程度。

　　通过对急倾斜煤层充填开采围岩的移动及结构特征进行了研究，发现充填开

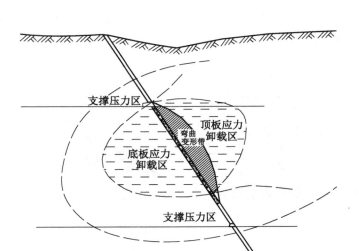

图 3-3　充填开采围岩应力分布图

采与垮落法开采相比，顶板不会出现大面积垮落，只会向采空区一侧发生弯曲变形；支撑压力区影响范围向采场中部集中，应力集中程度明显减小。充填开采时，由于支撑压力区位置的转移，减弱了采区巷道围岩的移动变形程度，有利于巷道的维护。

二、采区巷道变形特征

开采急倾斜煤层时，由于支持压力区的存在，一部分采区巷道会受到回采工作的影响。研究发现，当巷道处于回采工作引起的移动支撑压力区时，巷道周边围岩移动量明显增大。因此，支撑压力是影响巷道稳定性的重要因素。处于支撑压力影响区中的巷道，容易因煤层顶底板滑落而引起冒顶片帮。急倾斜煤层采区巷道主要包括运输平巷、回风平巷、溜煤斜坡、采区石门等，一般情况下，沿煤层走向布置的采区巷道受采动影响较大，巷道围岩的破坏较为严重。因此，深入研究支撑压力影响带的分布规律对减小采区巷道的变形破坏显得尤为重要。

急倾斜煤层中沿走向或伪斜方向布置的采区平巷各位置的应力分布状况不尽相同，可将平巷分为三个受压影响带。如图 3-4 所示，Ⅰ 为未受移动支撑压力影响的区域，该区域中巷道围岩在开掘后的一段较短时间内，便产生少量松动和弯曲变形，一般在几十毫米以内，这是由于巷道掘进引起的，之后基本保持稳定，不会发生较大变形。

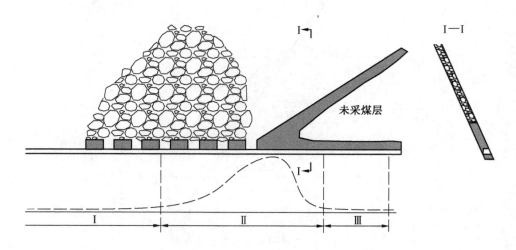

未采煤层

图 3-4　急倾斜煤层采区巷道压力分布示意图

Ⅱ为移动支撑压力影响带。其影响范围根据国外某些矿区的观测，在平均开采深度为 700 m 的情况下，运输平巷内支撑压力带的影响范围在工作面前方 30~50 m 至工作面后方 50~80 m，回风水平内支撑压力带的影响范围在工作面前方 15~35 m 至工作面后方 50~70 m。该范围内的最大压力可能达到原岩应力的 2~7 倍，因而对该区域范围内的巷道产生较大影响，使得巷道周边围岩的移动量远大于Ⅰ带中的巷道，巷道围岩变形较大，可能产生两帮大范围移近、底板底鼓、顶板下沉等现象，威胁巷道内设备和人员安全。同时，移动支撑压力的影响范围会沿煤层顶底板方向发展，可扩大到邻近煤层，对近距离煤层巷道构成一定威胁。

Ⅲ带位于移动支撑压力影响带后方，巷道在经历支撑压力影响后，进入围岩移动程度减弱状态。据实际观测结果，该带中巷道移动量一般为 0.2~0.4 mm/d，如果不受相邻煤层回采工作的影响，则其岩层的移动将随着远离工作面而减弱，直至稳定。影响Ⅲ带中巷道围岩稳定性的因素主要包括煤层开采深度、巷道维护方式和巷道服务年限等。

当采用充填法开采时，由于充填体承担了大部分来自上覆岩层的支撑压力，使得移动支撑压力影响区的范围缩小，其最大应力值也相对减弱，巷道进入Ⅱ带的时间缩短，降低了移动支撑压力对巷道围岩的影响程度。Ⅰ带和Ⅲ带的影响范围扩大，因此采用充填法开采有利于改善采区平巷的受力环境，减小巷道围岩的移动变形量。

第二节　急倾斜煤层不同充填开采方法围岩移动数值模拟研究

根据以上对急倾斜煤层开采岩层移动变形特征的分析，采用离散元数值模拟方法，分别建立急倾斜煤层垮落法开采和充填开采数值计算模型，对急倾斜煤层充填开采岩层移动变形机理及采区巷道围岩的变形规律进行研究，对急倾斜煤层充填开采岩层移动理论进一步深化。

一、离散元法概述

离散元法的基本思想是将研究区域划分成独立的互相接触的多边形块体单元进行研究，能够很好地解决非连续介质问题，目前已越来越多地在采矿、岩土等工程领域中应用。离散元法的基本单元可以为任意多边形的刚体或可变性体，单元之间力和位移关系符合牛顿第二定律，并有多种接触方式和运动方式，如图3-5所示。在图3-5b中，v_i 为单元 i 形心的速度矢量；v_j 为单元 j 形心的速度矢量；n_{ji} 为单元法向单位向量，方向由 j 指向 i；d_{ij} 为单元 i 与 j 间的距离；f_{ji} 表示与单元 i "接触"的某单元 j 对单元 i 的"接触力"，它可以分解成 i 与 j 间接触线（面）的法向力 f_{ji}^n 和切向力 f_{ji}^s 之和，即 $f_{ji} = f_{ji}^n + f_{ji}^s$；$f_i$ 为单元 i 所受的其他外力，如在研究流场作用下的固体颗粒的作用时，该项代表流体压力等效的结点作用力；b_i 为单元的体力；M_i 为旋转弹簧产生的力矩；N_i 为外力矩。

由牛顿第二定律可知，离散单元在任意时刻都满足以下方程：

$$m_i \frac{\mathrm{d}v_i}{\mathrm{d}t} = \sum_{j=\xi_i(1)}^{\xi_{\mathrm{in}}(\mathrm{ncontacti})} f_{ji}^c + f_i^e + b_i \qquad (3-1)$$

$$I_i \frac{\mathrm{d}\omega_i}{\mathrm{d}t} = \sum_{j=\xi_i(1)}^{\xi_{\mathrm{in}}(\mathrm{ncontacti})} f_{ji}^{cs} r_{ij} + M_i^\theta + M_i^e \qquad (3-2)$$

式（3-1）为力作用下的运动方程，其中 m_i 为单元的质量，v_i 为单元形心的速度矢量，f_{ji}^c 表示与单元 i "接触"的某单元 j 对单元 i 的"接触力"，它可以

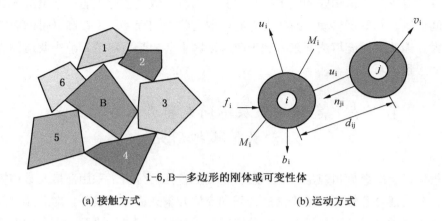

1-6，B—多边形的刚体或可变性体

(a) 接触方式　　　　　　　　　　　　(b) 运动方式

图3-5　离散单元块体的接触形式和运动分析

分解成 i 与 j 间接触线（面）的法向力 f_{ji}^{cn} 和切向力 f_{ji}^{cs} 之和，即 $f_{ji}^{c} = f_{ji}^{cn} + f_{ji}^{cs}$；$f_{i}^{e}$ 为单元 i 所受的其他外力，如在研究流场作用下的固体颗粒的作用时，该项代表流体压力等效的结点作用力；b_i 为单元的体力。

式（3-2）为力矩作用下的运动方程，其中 I_i 为单元的转动惯量。ω_i 为单元的角速度，r_{ij} 为单元作用于单元的作用点到形心的距离，M_i^{θ} 为旋转弹簧产生的力矩，M_i^{e} 为外力矩，$\xi_{in}(\text{ncontacti})$ 为与 i 单元相作用的单元 j 序列号。

离散元法的求解过程为：根据对象选择模型尺寸，建立空间离散单元阵，确定合理的单元接触方式和单元性质参数，由单元间作用力和相对位移计算法向及切向作用力，并对单元各个方向的作用力合力进行计算，由牛顿第二定律可以求得单元的加速度。而后对时间进行积分求出单元的速度和位移，最终得到单元任意时刻的物理参数。

二、充填采场围岩移动机理数值模拟研究

选用 UDEC 通用离散单元法程序对急倾斜煤层充填开采过程采场围岩的移动变形进行数值计算。该软件是一款基于非连续离散单元法理论的二维数值计算分析程序，提供了适合采矿工程及岩土工程的多种材料及节理的本构模型，能够较好地适应不同岩层岩性、构造特征以及开挖条件的情况需要，并能够很好地反映煤岩开挖后，围岩的移动变形、垮落及应力状态特征，模拟结果全面、直观，便于分析。

1. 模型建立

以大台煤矿 −410 m 水平西四采区五槽煤为模型背景，根据五槽煤的实际地质条件，建立数值计算模型。煤层平均厚度为 2 m，煤层倾角选择 68°，煤层平均埋深为 500 m，简化后的模型长度为 500 m，高为 500 m，共划分 51756 个单元，将数值计算模型简化为 7 个岩层的结构体进行研究。本次模拟将矸石作为充填材料对采空区进行充填，根据充填矸石自身属性、工作面采出率以及现场经验确定充填矸石的力学参数，得出数值模型选取的各岩层材料的力学参数，见表 3 − 1。

表 3 − 1　数值模型岩石力学性质参数

岩　　性	厚度/m	容重/（kg·m⁻³）	弹性模量/GPa	泊松比	抗拉强度/MPa	内聚力/MPa	摩擦角 φ/（°）
粉砂岩互层	100	2650	9.3	0.25	10.2	11.3	36
基本顶粉砂岩	14	2700	8.1	0.24	8.6	5.3	35
直接顶粉砂岩	4	2650	7.5	0.24	6.0	3.4	33
煤	2	1780	4.2	0.32	2.1	1.5	24
直接底粉砂岩	8	2620	6.8	0.25	7.4	2.0	34
基本底粉砂岩	20	2670	8.2	0.23	9.4	3.0	35
辉绿岩互层	100	2720	13.4	0.22	13.1	4.0	37
充填矸石	1.8	2000	0.5	0.37	0.1	0.2	15
节理参数	—	—	0.7	0.36	2	1	22

模拟中各岩层均采用摩尔 − 库仑（Mohr − Coulomb）屈服准则对岩体的破坏进行判断，由于矸石存在应力 − 应变的非线性特征，因此选用带硬化的双屈服准则对矸石充填体进行构模。急倾斜充填开采地质模型的边界条件为：取右侧为限制水平方向位移的滑动支座，可竖直移动；底部为限制竖直方向位移的滑动支座，底边与侧边的两个角点处为限制水平方向与竖直方向位移的固定支座；由于煤层倾角大，岩层存在竖直于层面的法向分力，建模时对模型设置 3 MPa 的水平梯度应力，上边界施加 5 MPa 的竖直压力，模拟 200 m 高度的岩层压力，地质模型如图 3 − 6 所示。

模型采用分步开挖，每步沿煤层竖直方向开挖 40 m，共开挖 5 步，开挖竖

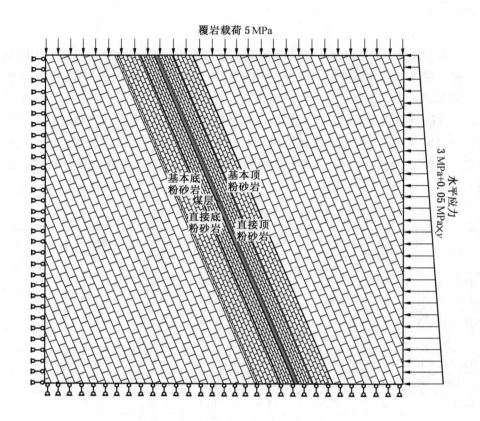

图 3-6　急倾斜煤层充填开采地质模型

直高度 200 m，分别模拟垮落法开采和充填开采两种情况。充填法开采时，在煤层开挖后运行一定时步再对采空区进行充填。针对垮落法开采和充填开采两种方法，分别从围岩移动变形规律、破坏规律以及采场应力变化规律三个方面对覆岩的变形机理进行分析，以此来研究急倾斜充填开采对围岩的控制作用和效果。

2. 围岩移动变形结果分析

垮落法和充填法开采围岩水平位移云图如图 3-7～图 3-10 所示。

对比垮落法开采和充填开采的模拟结果可以看出，在开采初期，采场高度为 40 m 时，采用垮落法时，由于顶底板裸露面积较小，直接顶和直接底移动量较小，仅直接顶出现少量裂隙。直接顶水平位移量为 53 mm，而底板为 24 mm，上覆岩层略有下沉，最大值下沉出现在采空区正上方，最大值为 243 mm。采用充

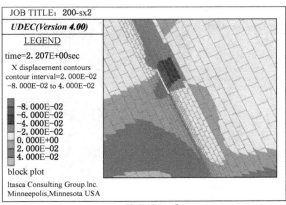

(a) 垮落法开采

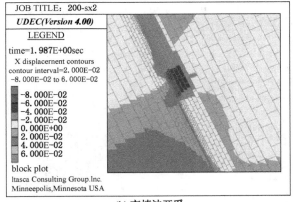

(b) 充填法开采

图 3-7　采场高度为 40 m 时围岩水平位移云图

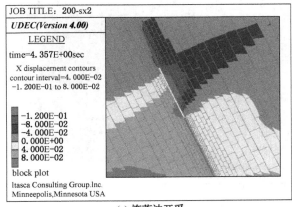

(a) 垮落法开采

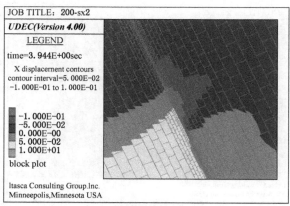

(b) 充填法开采

图 3-8　采场高度为 80 m 时围岩水平位移云图

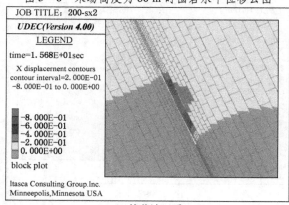

(a) 垮落法开采

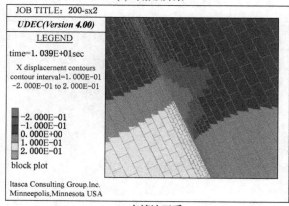

(b) 充填法开采

图 3-9　采场高度为 120 m 时围岩水平位移云图

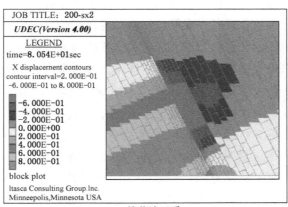

(a) 垮落法开采

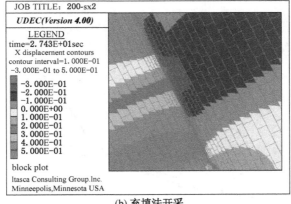

(b) 充填法开采

图 3-10　采场高度为 200 m 时围岩水平位移云图

填法开采时，直接顶水平位移量为 50 mm，而底板为 21 mm，下沉量最大值为 235 mm，与垮落法开采顶底板的变形值基本相同。垮落法开采直接顶出现裂隙带，高度为 8 m，而充填法开采时裂隙带高度为 5 m。

当采场高度增加到 80 m 时，顶底板的水平位移量均有增长，但顶板增长速度较快，采用垮落法开采时，其值达到 117 mm，而充填采煤法顶板水平位移量为 92 mm，比前者降低了 21.7%。垮落法开采顶板出现离层并扩展至基本顶岩层，裂隙带高度扩大到 19 m。而采用矸石充填后，顶板离层有所增长，裂隙带高度仅为 7 m。

随着采场高度的进一步扩大，当模型开挖至 120 m 时，顶底板岩层的位移量继续增大，采用垮落法开采时，水平位移值沿岩层倾斜方向呈现不均匀分布，采空区上部和中部顶板的变形量大于下部，而底板的最大变形位置则靠近采空区中部，造成直接底出现轻微底鼓。采空区中部偏上直接顶岩层出现塑性破坏，水平变形量急剧上升，最大值达到 174 mm。采用矸石充填时，采空区也呈现上部顶板变形量大的特征，最大水平变形量为 151 mm，底板并未出现底鼓现象。

当采场高度达到 200 m 时，采用垮落法开采时，顶板水平变形最大值达到 560 mm，覆岩最大下沉量为 682 mm，顶板裂隙带发育高度达 153 m。采用充填法开采时，顶板水平变形量仅为 277 mm，覆岩下沉量控制在 353 mm。模型开挖完成后，将两种采煤方法的围岩移动变形量进行对比，最大水平位移量和最大下沉量曲线如图 3 – 11、图 3 – 12 所示。

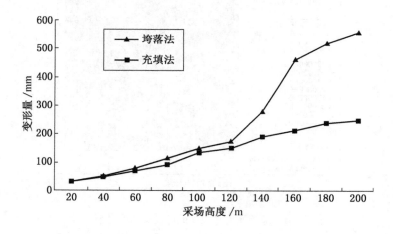

图 3 – 11　最大水平位移量对比曲线图

由图 3 – 11 和图 3 – 12 可以看出，急倾斜煤层垮落法开采围岩的位移量呈现平稳增长—急剧增长—趋于稳定三个阶段，在初采阶段，最大水平位移和竖直位移增长平缓，下沉曲线在采场高度为 100 m 处首先出现拐点，第二个拐点出现在 180 m 处，下沉量在两个拐点之间时加速增长，当达到第二拐点后增速放缓，最大下沉量最终为 642 mm。水平位移的两个拐点出现在 120 m 和 160 m 处，水平位移量由 174 mm 增加至 461 mm，由此可以看出，在这一开采过程中，围岩移动变形剧烈，对采区巷道及工作面可能构成一定影响，而后趋于缓和，最大水平位移

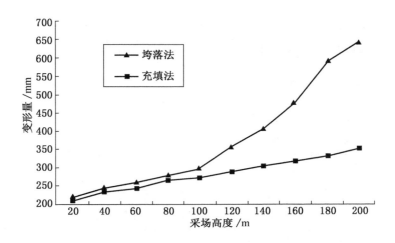

图 3 - 12　最大下沉量对比曲线图

量达到 560 mm。

　　由图 3 - 11 和图 3 - 12 还可以看出，最大水平变形和下沉值增长较为平缓，没有出现骤增的情况，说明采动引起的不平衡应力在充填体的支撑作用下得到缓慢释放，其水平变形值和下沉值分别为 247 mm 和 353 mm，比垮落法开采降低了55.9% 和 45%，因此充填法开采对控制围岩水平移动的能力更为突出。

　　3. 围岩破坏规律分析

　　采后围岩的塑性破坏状态如图 3 - 13 ~ 图 3 - 18 所示。采用垮落法开采初期，采场高度 80 m 时，采场上方和下方未采煤柱出现塑性变形，但范围较小。随着采场高度的增加，垮落法开采未采煤柱的破坏区域分别向上、向下发展，煤柱塑性变形区的范围逐渐扩大，当采场高度增加到 120 m 时，采空区中部顶板出现屈服破坏。随着采场高度的进一步扩大，当高度达到 160 m 时，垮落法开采顶板区域出现明显的破坏迹象，并随着采空区范围的扩大而逐渐向基本顶方向移动，当采场高度达到 200 m 时，塑性破坏主要集中在采空区中部顶板岩层中，呈楔形破坏形态，高度达到 143 m。同时，在采空区下部直接顶出现面积较大的塑性破坏，并在直接顶与基本顶连接处发生拉应力破坏。

　　而采用充填法开采时，采空区顶板只产生弯曲变形，岩层没有出现明显的破坏迹象，只是在采场高度达到 160 m 时，顶板岩层出现少量的屈服破坏，并随着

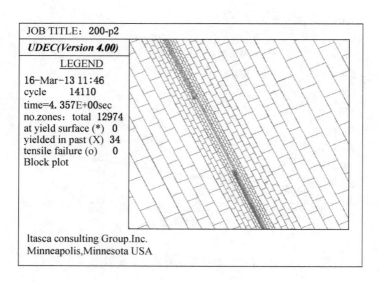

图 3-13 采场高度为 80 m 时围岩破坏状态（垮落法）

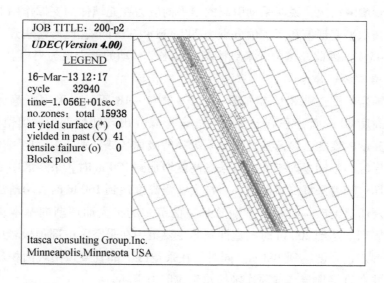

图 3-14 采场高度为 120 m 时围岩破坏状态（垮落法）

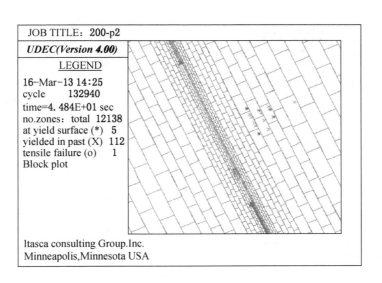

图 3-15　采场高度为 160 m 时围岩破坏状态（垮落法）

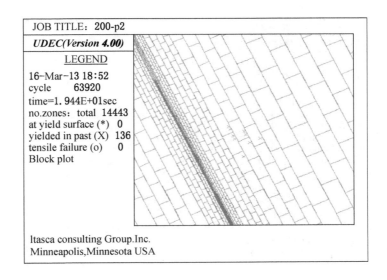

图 3-16　采场高度为 160 m 时围岩破坏状态（充填法）

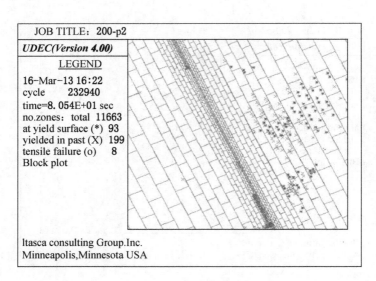

图 3 - 17　采场高度为 200 m 时围岩破坏状态（垮落法）

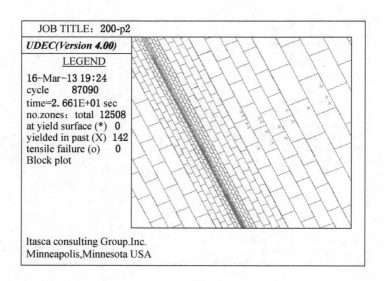

图 3 - 18　采场高度为 200 m 时围岩破坏状态（充填法）

开采高度的增加逐渐向基本顶发展，采场的整体稳定性较好。

4. 采场应力变化规律分析

由图 3 – 19、图 3 – 20 可以看出，在回采初期，当工作面推进高度达 40 m 时，充填法开采时采场的应力分布形态与垮落法开采基本相同，其水平应力最大值均出现在采空区下端未采煤柱偏向顶板一侧，数值为 6.8 MPa（图 3 – 19b），

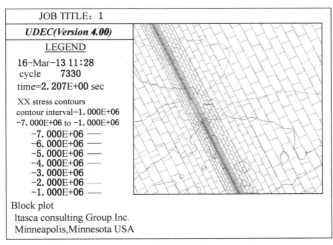

(a) 垮落法开采

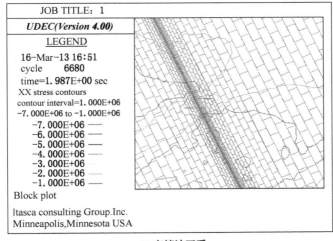

(b) 充填法开采

图 3 – 19　采场高度为 40 m 时围岩水平应力分布图

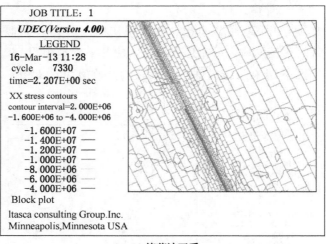

(a) 垮落法开采

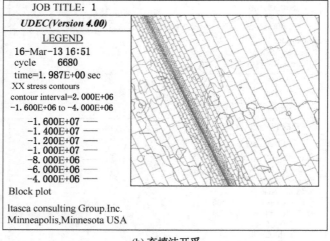

(b) 充填法开采

图 3-20　采场高度为 40 m 时围岩竖直应力分布图

充填法开采垂直应力最大值出现在采空区下部的顶板岩层中，为 15.3 MPa（图 3-20b）。这是由于煤炭采出后，顶底板围岩沿层面法向的变形量较少，采空区充填体被逐渐压缩，但并没有完全压实，其强度不足以支撑顶底板，因此不会影响整个采场的应力分布，充填区域仍处在应力卸载区内。

围岩的水平应力和竖直应力都随着采场高度的增加而增大，当工作面推进高度达到 110 m 时，充填矸石逐渐被移进的顶板压实，从而将上覆岩层垂直于层面方向的压应力传递至底板岩层中，充填法采场应力分布逐渐发生变化，如图 3 – 21b 所示。此时，采空区充填区域应力升高，形成应力恢复区，充填矸石逐渐支

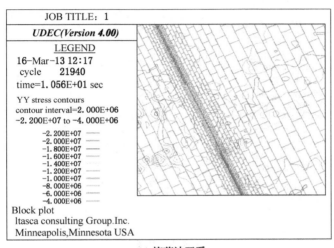

(a) 垮落法开采

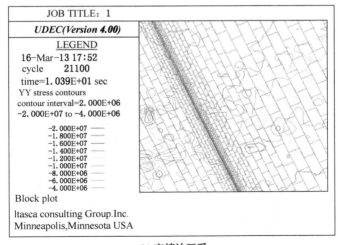

(b) 充填法开采

图 3 – 21 采场高度为 110 m 时围岩竖直应力分布图

撑顶板，分担了未采煤柱承受的上覆岩层的压应力，并使围岩应力得到部分传递，因此，应力集中程度和范围相比于垮落法开采都有所降低。充填开采条件下最大竖直应力为18.5 MPa，位于采空区中部底板一侧的岩层中，距离工作面较远，对采煤作业影响较小；垮落法开采最大竖直应力位于采空区下部煤柱顶板一侧，应力值达到21.3 MPa，应力集中系数为1.78，是充填法开采的1.17倍，对

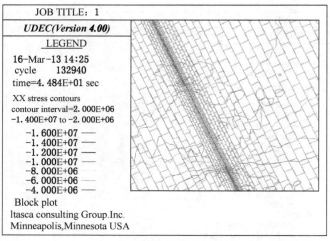

(a) 垮落法开采

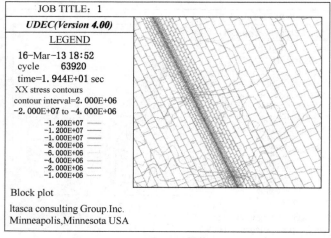

(b) 充填法开采

图 3-22   采场高度为 160 m 时围岩水平应力分布图

工作面及附近采区巷道影响较大。

随着模型继续开挖，垮落法采场应力卸载区逐渐扩大，采空区未采煤柱出现应力集中现象，当煤层开采高度达到 160 m 时，围岩水平应力分布情况如图 3 - 22 所示。垮落法开采时，采空区下部未采煤柱出现应力集中，水平应力增加明显，达到 15.2 MPa，应力集中系数为 2.53。充填法开采围岩的水平应力为

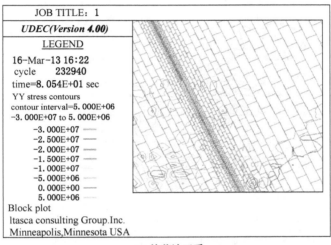

(a) 垮落法开采

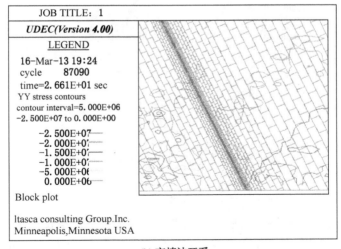

(b) 充填法开采

图 3 - 23　采场高度为 200 m 时围岩竖直应力分布图

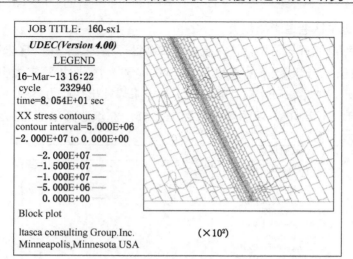

(a) 垮落法开采

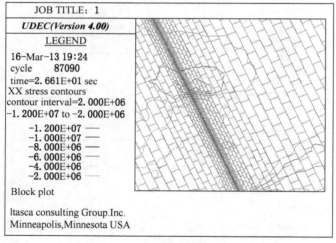

(b) 充填法开采

图 3 - 24　采场高度为 200 m 时围岩水平应力分布图

13.1 MPa，应力集中程度比垮落法开采降低了 13.8%。

　　垮落法开采顶底板围岩的应力值随着工作面的推进而增长迅速，当采场高度达到 200 m 时，应力集中程度显著提高，如图 3 - 23a、图 3 - 24a 所示，位于下部煤柱顶板侧的竖直应力急剧增大，达到 29 MPa，应力集中系数达到最大值2.42，水平应力值也达到峰值 18.7 MPa，位于下端煤柱顶板一侧。采用充填法开采时，如图 3－23b、图 3－24b 所示，围岩的最大竖直应力达到 23.7 MPa，而随着充填体进一步压实，应力恢复区范围逐渐扩大，水平应力最大值有所降低，为 10.8 MPa，应力集中程度得到进一步缓和。

采用离散元数值计算方法，分别从围岩的移动变形和破坏形态、采场应力分布等角度，对急倾斜煤层垮落法开采和充填开采围岩移动变形机理进行模拟。由模拟结果可以看出，随着采场高度的增加，充填开采围岩的移动变形增长缓慢，应变量增加比较平稳，没有出现急剧增加的情况。最终水平变形值和下沉值比垮落法开采降低，充填开采控制围岩水平移动的能力较为突出。采用充填法开采时，围岩受采动应力扰动的范围和程度较低，与垮落法相比，未采煤柱的应力集中程度大大降低。

三、采区巷道围岩移动数值模拟研究

为了进一步深入研究急倾斜充填开采巷道变形规律，选用三维离散元程序 3DEC 对采区巷道围岩移动进行数值模拟。3DEC 程序是一款基于离散元法的三维数值计算分析程序，主要用来描述离散介质的力学行为。该程序秉承了二维离散元法的基本核心思想，本质上是对离散介质的力学描述由二维空间向三维空间的延伸。在此，选用该软件针对斜坡柔性掩护支架采煤法，模拟全部垮落法和矸石充填两种顶板管理方式条件下，工作面回风巷、运煤斜坡以及运输巷围岩移动及矿压显现规律。

1. 模型建立

根据大台井 －410 m 水平西四采区的实际地质条件以及斜坡柔性掩护支架采煤法的巷道布置特点，建立 3DEC 数值计算模型。由于受到程序自身对块体数量的限制，对模型进行简化，简化后的模型沿 x、y、z 方向的长度为 260 m × 90 m × 170 m，模拟岩层的力学参数与 3.2.2.1 节相同，在此不再赘述。初始模型如图 3－25 所示。煤层沿 25°俯伪斜方向开采，工作面每一循环为 1.6 m，在模拟过程中，按每采 3 个正规循环为一个步距，即沿煤层走向以 10 m 为步距对模型进行开挖，共开采 20 个步距，走向推进长度 210 m。根据实际巷道布置情况，对煤层块体进行划分，如图 3－26 所示。

2. 垮落法开采模拟结果分析

首先开挖回风平巷、运输平巷、开切眼和斜坡运输巷，其 x 轴应力云图如图 3－27 所示。由图 3－27 可以看出，开挖后，由于巷道围岩失去煤体支撑，原

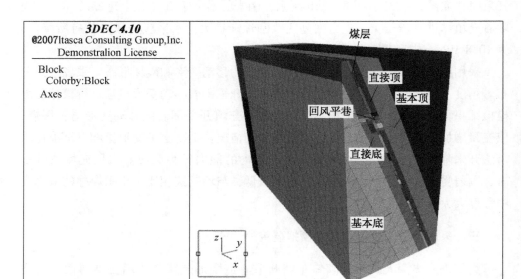

图 3-25 初始模型结构图

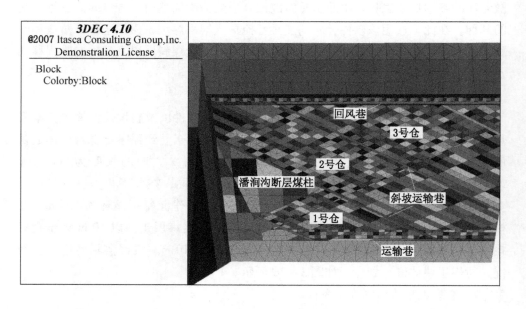

图 3-26 煤层块体区域划分

岩应力得到释放，在巷道周围煤岩体上表现为应力降低区。

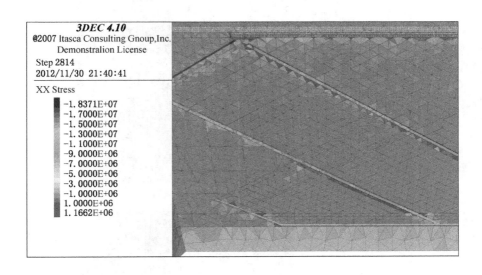

图 3-27 巷道开挖后沿 x 轴应力云图

开采初期，由于顶底板裸露面积较小，围岩的位移量也较小，随着开采过程的深入，采空区逐渐扩大，煤层顶板的位移量增加幅度较快，煤层顶板沿 y 轴运动的同时，也会沿 z 轴向下运动，根据开采厚度、顶板分层厚度以及节理的发育程度，顶板将会表现出不同的变形特征，此次模拟过程中为了减少块体数量，煤层顶板岩层块度较大，因此不会出现大面积的垮落现象，只会整体向采空区一侧弯曲变形。开采过程中各阶段煤层顶板位移等值线云图如图 3-28、图 3-29所示。

由于煤层开采后，回风巷顶帮失去煤体支撑，巷道出现大面积变形，在开采至 210 m 时，回风巷沿 y 轴方向的变形如图 3-30 所示。

根据以上分析可知，在开采过程中，回风巷顶帮变形量最大，根据以上结果分别绘制回风巷顶帮的应变曲线，如图 3-31～图 3-33 所示。

由图 3-1～图 3-3 可以看出，回风巷顶帮的主要变形破坏形式是沿 y 轴的变形移动，即顶板岩层向巷道内移进，最大变形区域位于工作面上端头靠近采空区方向 135～150 m 处。

采空区周围煤壁的压应力随着工作面的推进而逐渐增加，当工作面推采至

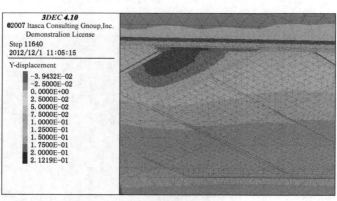

(a) 开采80 m

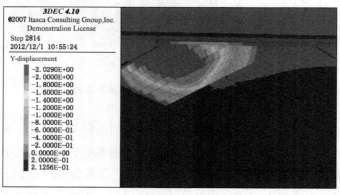

(b) 开采100 m

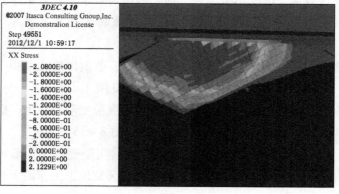

(c) 开采140 m

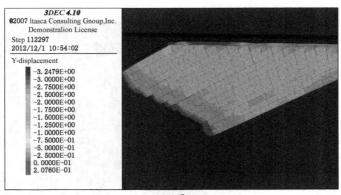

(d) 开采210 m

图 3－28　煤层顶板沿 y 轴位移等值线云图

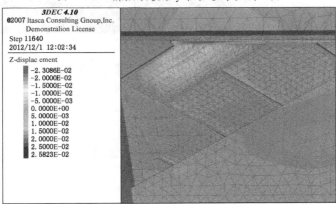

(a) 开采80 m

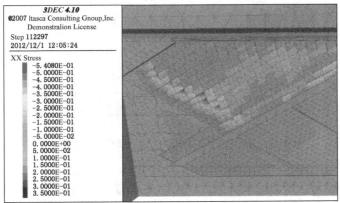

(b) 开采210 m

图 3－29　煤层顶板沿 z 轴位移等值线云图

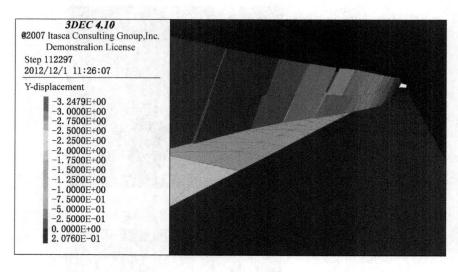

图 3-30　开采至 210 m 时回风巷顶帮沿 y 轴位移云图

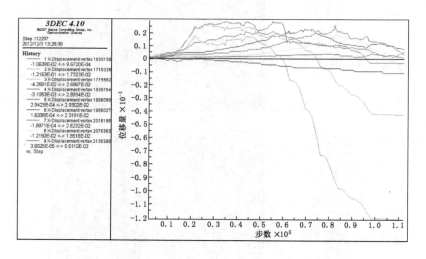

图 3-31　回风巷顶帮围岩沿 x 轴位移曲线图

120 m 时，邻近采空区的未采煤层出现应力集中带，如图 3-34 所示，最大压应力为 25~30 MPa。随着开采进度的增加，应力集中的范围逐渐扩大，应力值也呈现上升趋势，当开采至 210 m 时，未采煤壁的最大压应力达到 51.4 MPa，如图

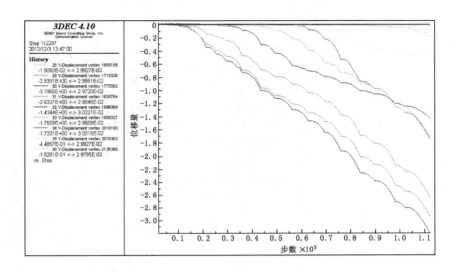

图 3 - 32　回风巷顶帮围岩沿 y 轴位移曲线图

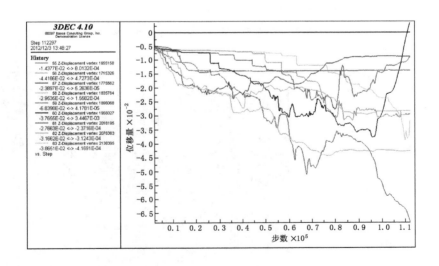

图 3 - 33　回风巷顶帮围岩沿 z 轴位移曲线图

3 – 35 所示，若在开采工作中不采取一定的工程措施（水力压裂卸压、深孔爆破卸压等措施），将会给柔掩工作面的正常生产带来严重的安全隐患。

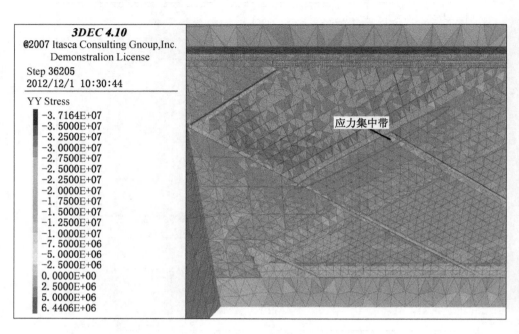

图 3 – 34　开采至 120 m 时沿 y 轴应力云图

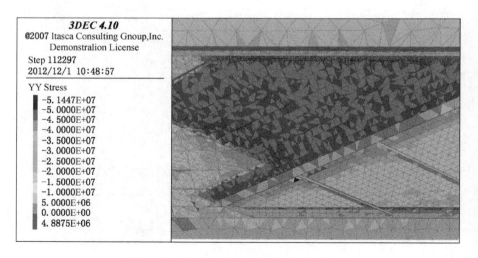

图 3 – 35　开采至 210 m 时沿 y 轴应力云图

由图 3 - 34、图 3 - 35 可以看出，采区运输平巷距离工作面较远，基本未受采动影响，巷道围岩变形量较小，不影响正常使用。由于工作面采用 25°伪斜布置，工作面下部处于移动支撑压力影响区范围以内，支撑压力影响区范围在工作面上端头后 20 ~ 60 m 内。随着工作面向前推进，该区域支撑压力急剧升高，达到 51.4 MPa，是原岩应力的 5 倍以上，在运煤斜坡与工作面连接处的煤体已发生塑性变形，给周围作业人员的安全构成一定的威胁。

3. 充填开采模拟结果分析

本节采用 3DEC 程序对矸石充填采空区后采区巷道围岩应力应变情况进行模拟，并与垮落法开采进行对比，研究矸石对巷道围岩移动的控制作用。模拟过程与垮落法开采模拟相同，按每采 3 个正规循环为一个步距，表现在 x 轴方向约为以 10 m 为步距对模型进行开挖，共开采 21 个步距，每采一个步距，充入与采出煤量相同体积的矸石。开采至 120 m 时回风巷 z 轴位移云图如图 3 - 36 所示。

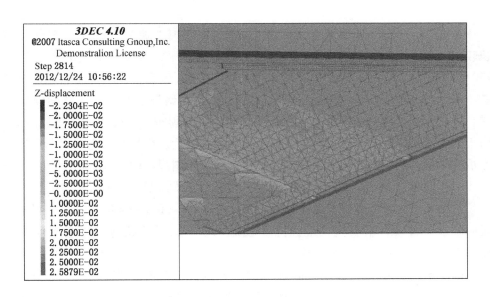

图 3 - 36　充填开采至 120 m 时沿 z 轴位移云图

由图 3 - 36 可知，采用矸石充填法开采急倾斜煤层，巷道围岩的变形量很小，当工作面推进至 150 m 时，与垮落法相比，回风巷顶板最大下沉量由垮落法开采的 557 mm 下降到 143 mm，回风巷顶板最大下沉量变化曲线如图 3 - 37 所示。

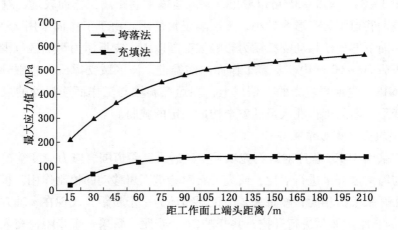

图3-37 回风巷顶板最大下沉量变化曲线图

由图3-37可知,在充填矸石的情况下,在距离上端头90 m内,变形量增长较快,最大变形量为148 mm;而采用垮落法开采,当工作面后方距上端头150 m时,巷道最大变形量才逐渐平稳,最终控制在557 mm,接近于矸石充填的4倍,由此可以看出,采用矸石充填法开采急倾斜煤层与开采缓倾斜煤层一样,可以控制岩层变形移动,减小巷道围岩的采动影响。从图3-37可以看出,由于急倾斜煤层矿压显现不明显,矸石充入采空区后,由松散状态到逐渐压实直至承载上覆岩层全部压力所需的时间和距离较缓倾斜煤层明显变长。

工作面推进至120 m时工作面沿y轴的应力云图如图3-38所示。

由图3-38可以看出,采用矸石充填采空区时,邻近采空区的未采煤层未出现应力集中显现,采场整体应力处于较低水平,回风巷超前压力基本保持在15 MPa,不会对巷道产生较大影响。

由图3-39可知,当工作面推进至210 m时,与垮落法开采相比,工作面后方围岩的应力呈总体上升趋势,但增长幅度较小,充填开采的应力集中程度大大降低,在工作面后方210 m处回风巷顶板的垂直应力;垮落法开采时峰值达到39.1 MPa,而矸石充填开采时只有21.4 MPa,与垮落法开采应力峰值相比降低了44%,应力集中程度和影响范围明显降低,巷道受力环境得到明显改善。

通过上述三维离散元数值模拟软件,模拟采动影响下斜坡柔性掩护支架采煤

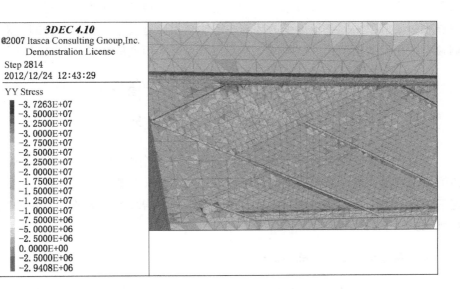

图 3-38　充填开采至 120 m 时沿 y 轴应力云图

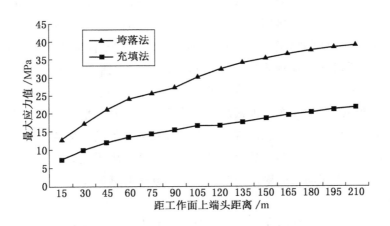

图 3-39　采空区一侧回风巷应力曲线图

工作面巷道的受力和变形破坏形式。模拟结果表明，垮落法开采时，回风巷和运煤斜坡受采动影响变形较大，回风巷顶帮由于失去煤体支撑，出现大面积片帮。在工作面下端头与运煤斜坡相连处，煤体应力集中程度较高，最高达到原始应力的 5 倍。充填开采时，回风巷变形量明显降低，运煤斜坡拐角处没有出现应力集中显现，改善了采区巷道的受力环境。运输巷由于远离采场，开采初期受采动影响较小，因受到模型尺寸的限制，在此没有对开采后期的变形情况进行研究。

第三节　急倾斜煤层充填开采不同工况条件下围岩移动变形规律研究

本节针对急倾斜煤层充填开采特点，提出了 5 个影响围岩移动的主要因素，包括煤层倾角、煤层开采厚度、煤层埋深、充填率和充填体强度。对每个因素确定三个影响水平，而后对单因素影响条件下采场围岩移动变形及应力分布规律进行研究。

一、围岩移动变形影响因素分析

采用垮落法开采急倾斜煤层时，在煤体开挖后，顶板岩层在自重应力及上覆岩层压力的联合作用下，产生向采空区方向的弯曲变形，并沿层理面向下滑移。当采空区范围达到一定程度后，直接顶产生断裂破坏，垮落的岩体向采空区下部滚落，此时基本顶失去直接顶支撑，逐渐沿层面法向发生弯曲变形，最终发生断裂破坏，随着工作面的推进，这一过程不断重复，直至裸露空间被矸石全部填满。由以上分析可知，顶板岩层移动的最终原因是裸露空间的存在。充填开采时，采用充填体将采空区充满，改变了原有的采空区形态，减小了裸露空间，使顶底板的移动模式发生改变，顶板发生弯曲变形的空间变小，岩体内的应力无法得到释放或局部释放，使得顶板岩层发生断裂破坏的范围和程度减弱。在采用矸石充填采空区时，不同的煤层倾角、煤层开采厚度、煤层埋深以及充填率和充填体强度对控制围岩移动的效果是不同的，下面逐一对其进行分析。

1. 煤层倾角

在煤层开采后，顶板岩层往往在自重应力和上覆岩层压应力的作用下产生弯曲变形，当变形量达到一定程度后垮落进入采空区，因此岩层向采空区方向分力的大小直接关系到围岩的变形破坏水平。在急倾斜煤层中，随着煤层倾角的增大，顶板及上覆岩层重力向采空区方向的分力不断减小，围岩移动变形量随之降低。同时，由于煤层倾角增大，矸石进入采空区后更易向采空区下部滚落，充填体致密度增加，也能够起到控制岩层移动的效果。

2. 煤层开采厚度

充填开采实际上是一个采用充填材料置换煤炭的过程，采出一定体积的煤炭，充入相应体积的充填矸石，但矸石是松散体，其间存在大量空隙，在不添加其他充填材料的情况下，其强度远不如未采煤层的强度。在矸石充入采空区后，围岩会继续移进不断挤压掉矸石间的空隙，直至将矸石压实。随着开采厚度的增加、矸石充入量的增大，以及矸石间的空隙增多，采空区顶底板需要移进更多的距离才能将矸石压实，围岩的移动变形量增大。

3. 煤层埋深

随着煤层埋藏深度的增加，地应力逐渐增大，煤炭采出后，原有的应力场被破坏，原岩应力越大，达到新的应力平衡状态所需释放的能量越大，因此围岩的移动变形越剧烈。

4. 充填率

矸石充填率越高，采空区围岩的移动空间越小，顶底板的移进量也就越少。因此，应尽可能提高充填率来达到控制围岩移动的目的。

5. 充填体强度

对于矸石充填而言，其强度的大小也就是受到外力挤压时压缩量的高低。作为充填介质的矸石属散粒体，在急倾斜煤层实际充填开采过程中，由于受到工艺及环境的限制，无法对其压实，强度也无法得到提高。影响矸石压缩率大小的因素有矸石自身强度、粒径大小、形状、粒径级配、含水率等，因此可以通过改变矸石粒径大小和采用合理的粒径级配，达到提高充填体强度的目的，从而在充填过程中减小围岩的移动变形量。

根据以上分析得出各影响因素对围岩移动的影响特点，构建单影响因素数值计算模型，进一步研究各因素对围岩移动变形的影响程度。各因素的参数选择标准见表 3 - 2。

表 3 - 2　模型影响因素参数

煤层倾角/(°)	开采厚度/m	煤层埋深/m	充填率/%	充填体弹性模量/GPa
50	2	300	80	1.0
65	4	500	60	0.5
80	6	700	40	0.1

为了方便研究不同因素变化对围岩移动变形的影响，将煤层倾角65°、开采厚度2 m、煤层埋深500 m、充填率80%、充填体弹性模量0.5 GPa、倾斜开采长度200 m设定为基准条件，以便于单因素模型参数的选择与比较。

二、煤层倾角对围岩移动的影响分析

根据急倾斜煤层的赋存特点，在基准条件下，改变煤层倾角大小，分别建立倾角为50°、65°、80°时的三个数值计算模型，对充填开采岩层的应力应变规律进行研究。

1. 煤层倾角对围岩移动的影响分析

不同倾角围岩位移等值线如图3-40、图3-41所示（图中的数值代表等值线上的位移值，单位为m）。由图3-40、图3-41可以看出，随着煤层倾角的增大，煤层顶板围岩的移动变形量和扰动范围在变小，影响区域向采空区上部偏移，而底板的变形量和扰动范围逐渐增大。

对于围岩的水平位移而言，当煤层倾角为50°时，采空区底板岩层基本没有被破坏，采空区顶板的破坏高度约为165 m，最大变形值为362 mm，最大变形带出现在采空区中部并向基本顶延深，高度达到67 m；当煤层倾角为65°时，采空区顶板的破坏范围明显减小，最大变形值与倾角为50°时基本相同，但影响范围锐减并向采空区上部偏移，影响高度由67 m降低至5 m；随着倾角的进一步加大，当煤层倾角为80°时，采空区底板岩层出现向采空区一侧的弯曲鼓起变形，这是由于煤层倾角较大，底板岩层在采空区上下两端所受轴向应力增大而出现的挤压变形。

在竖直方向上，相对于围岩水平移动而言，最大下沉值也随倾角的增大而减小，但下降幅度略大于水平位移值，在顶板一侧出现明显的楔形变形区。

2. 煤层倾角对围岩应力分布的影响分析

不同倾角的围岩应力分布情况如图3-42、图3-43所示（图中的数值代表等值线上的应力值，正值代表压应力，负值代表拉应力，单位为MPa）。

在其他影响因素一致的情况下，工作面整体应力水平随着煤层倾角的增大而减小，支撑压力区的影响范围和应力集中程度也随之降低。下面分别对竖直应力和水平应力的变化规律进行分析。

1）煤层倾角变化对竖直应力分布的影响

由图3-42可知，随着煤层倾角的增大，竖直应力受扰动而发生变化的范围

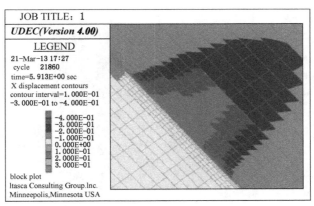

(a) 倾角为50°

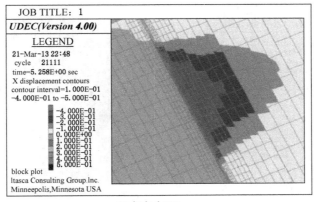

(b) 倾角为65°

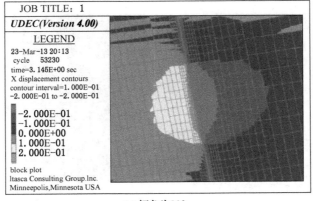

(c) 倾角为80°

图3-40　不同倾角的围岩水平移动等值线图

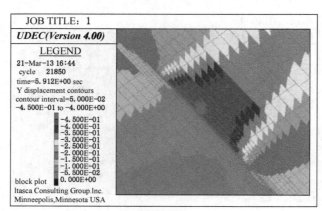

(a) 倾角为50°

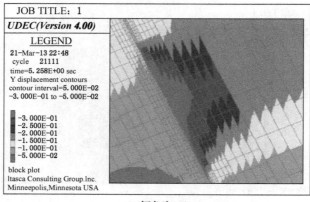

(b) 倾角为65°

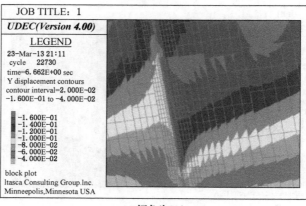

(c) 倾角为80°

图 3-41　不同倾角的围岩下沉等值线图

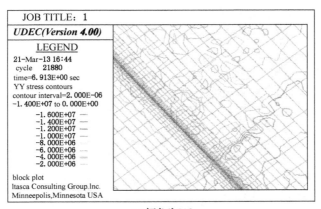

(a) 倾角为50°

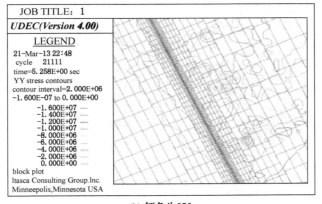

(b) 倾角为65°

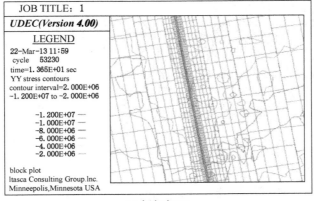

(c) 倾角为80°

图 3-42 不同倾角的围岩竖直应力分布图

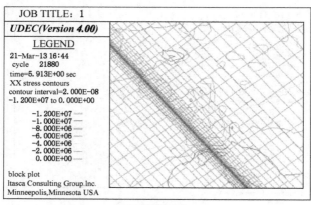

(a) 倾角为50°

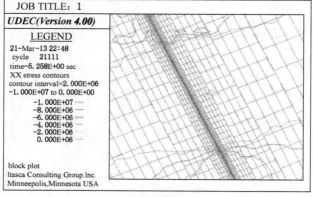

(b) 倾角为65°

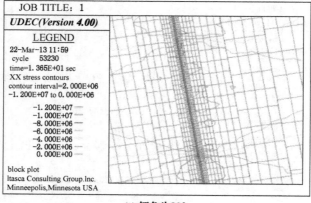

(c) 倾角为80°

图3-43 不同倾角的围岩水平应力分布图

越来越小，并向采空区下山方向集中。在采空区顶底板方向存在一定的竖直应力降低区，应力降低区的范围随着煤层倾角的增大而减小。由图 3 - 42 可以看出，在采空区顶板岩层内存在竖直应力增加区，其范围随着煤层倾角的增大而减小，最大竖直应力值也由 50°时的 16 MPa 降低至 80°时的 12 MPa，应力集中系数也由 1.45 降低至 1.1。由此可见，矸石充填开采与垮落法开采相比，在煤层倾角增大时，水平应力的变化规律基本一致，但最大应力的下降幅度不如垮落法开采明显。

2）煤层倾角变化对水平应力分布的影响

矸石充入采空区，在采场周围形成了应力恢复区，其外侧为应力降低区，随着煤层倾角的增大，应力恢复区的面积逐渐减小，因此与竖直应力的变化规律不同，水平应力降低的范围随着煤层倾角的增大而增大，水平应力受扰动而发生变化的范围也越来越小。

3. 煤层开采厚度对围岩移动的影响分析

不同厚度围岩的水平变形和数值变形等值线如图 3 - 44、图 3 - 45 所示。由图 3 - 44 可以看出，虽然采用矸石充填采空区，但矸石的弹性模量远低于煤层的弹性模量，对顶底板的控制力也远不如煤层。随着煤层开采厚度的增加，最大水平变形大幅增长，最大水平变形值由采厚为 2 m 时的 350 mm 增大到采厚为 6 m 时的 713 mm。竖直变形值也有明显增长，由采厚为 2 m 时的 280 mm 增加到采厚为 6 m 时的 437 mm，增长幅度远小于水平变形程度。由此可以看出，充填开采对控制围岩垂直变形的能力大于水平变形。

三、煤层埋深对围岩移动的影响分析

1. 煤层埋深对围岩移动的影响分析

根据前文分析可知，埋深越深，地应力越大，煤层采后对顶底板的破坏程度就更为严重，由图 3 - 46、图 3 - 47 可以看出，当煤层埋深为 300 m 时，围岩的最大水平位移值和竖直位移值分别为 278 mm 和 233 mm，当埋深达到 700 m 时，最大水平位移值和竖直位移值分别增大到 360 mm 和 327 mm，影响范围也逐渐增大并向上覆岩层扩展。

2. 煤层埋深对围岩应力分布的影响分析

不同埋深条件下围岩的应力分布如图 3 - 48、图 3 - 49 所示。随着埋藏深度的增加，围岩水平应力在采空区上下煤柱的应力集中程度和范围不断加大，最大

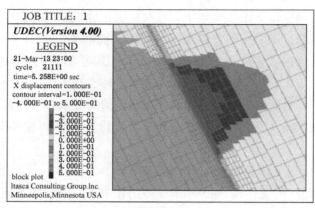

(a) 煤层厚度为2 m

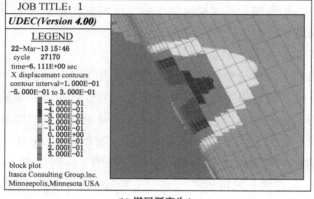

(b) 煤层厚度为4 m

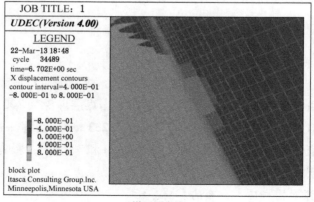

(c) 煤层厚度为6 m

图3-44　不同厚度围岩的水平移动等值线图

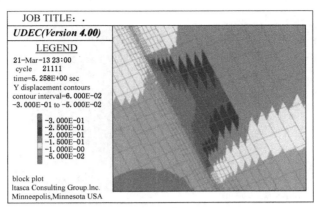

(a) 煤层厚度为2 m

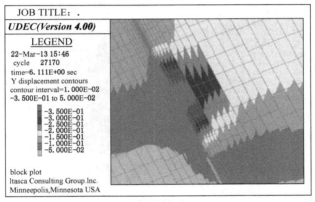

(b) 煤层厚度为4 m

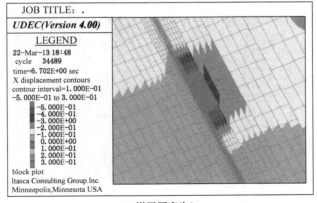

(c) 煤层厚度为6 m

图 3-45 不同厚度围岩的下沉等值线图

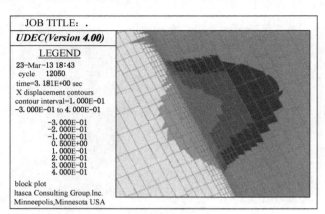

(a) 埋深为300 m

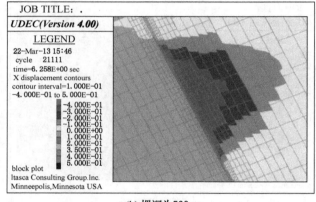

(b) 埋深为500 m

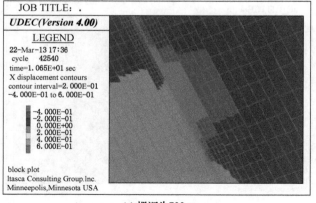

(c) 埋深为700 m

图 3－46　不同埋深的水平位移等值线图

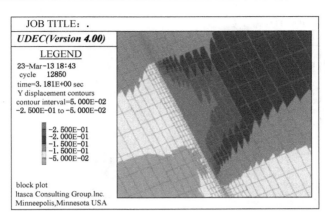

(a) 埋深为300 m

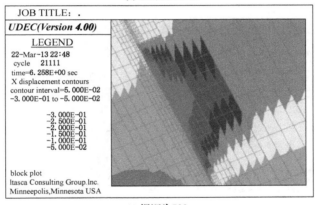

(b) 埋深为500 m

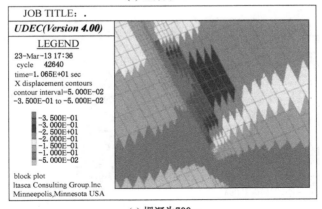

(c) 埋深为700 m

图 3-47　不同埋深的下沉等值线图

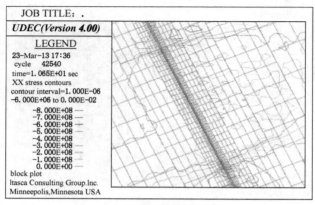

(a) 埋深为300 m

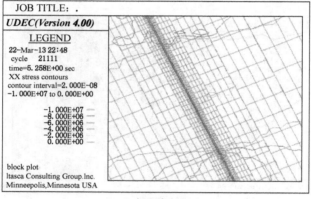

(b) 埋深为500 m

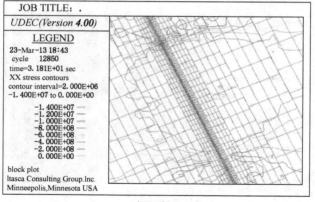

(c) 埋深为700 m

图 3-48 不同埋深的水平应力等值线图

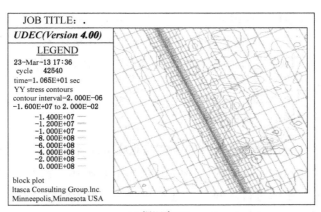

(a) 埋深为300 m

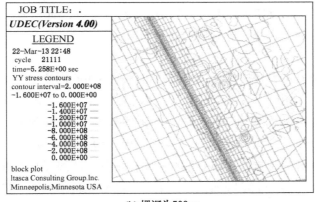

(b) 埋深为500 m

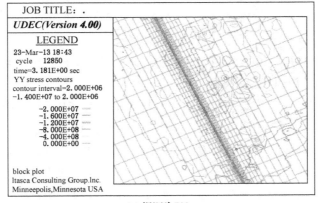

(c) 埋深为700 m

图 3－49　不同埋深的竖直应力等值线图

水平应力由埋深为 300 m 时的 8 MPa 增大到埋深为 700 m 时的 14 MPa，应力集中程度增大了 1.75 倍。围岩的竖直应力最大值主要分布在采空区下部顶板一侧，随着采深的增加，最大应力也由 14 MPa 增大至 20 MPa，受最大应力的扰动范围基本没有发生变化。

四、充填率对围岩移动的影响分析

一般情况下，充填体的压实度和充填率直接影响充填效果，压实度越大、充填率越高，充填体对围岩移动的控制能力越强，在急倾斜充填采煤法中，作为充填体的矸石一般都是通过自溜的方式进入采空区，由于松散矸石的碎胀特性，采空区的充填率不可能过高，因此将最大充填率设定为 80%，数值计算时，在基准条件下，对 80%、60% 和 40% 三种充填率进行分析，研究不同充填率对巷道围岩的变形破坏规律以及对围岩应力分布的影响。

1. 充填率对围岩移动的影响分析

由于充填率不同，覆岩的变形与移动也具有不同的规律，图 3−50 为采场高度为 200 m 时，不同矸石充填率情况下的覆岩水平位移和下沉等值线图。

由图 3−50 可以看出，位移等值线分布近似沿岩层层面分布，在采空区采场两侧呈不对称分布，顶板的位移量远大于底板。60% 的充填率与 80% 的充填率相比，水平位移量和影响范围略有增长，整体位移等值线图基本近似，最大水平位移量由 314 mm 增加到 373 mm，变化不大。随着充填率的进一步下降，当充填率为 40% 时，采空区悬顶面积增大，直接顶岩层垂直层理面发生折断，向采空区方向垮落，最大水平位移量突增至 1470 mm，采空区顶板的破坏范围进一步扩大，向采空区上部扩展。因此，当采空区充填率较低时，顶板破坏范围影响到上部未采煤柱，主要表现为拉断破坏，可能对回风平巷构成一定威胁。

2. 充填率对围岩应力分布的影响

不同矸石充填率下的采空区围岩应力分布如图 3−51 所示。由图 3−51 可以看出，随着矸石充填率的增大，煤层顶底板应力卸载区逐渐缩小，这是由于采空区充入矸石后，采场稳定的过程中，围岩缓慢向采空区移进，矸石逐渐支撑顶底板，从而使围岩应力得到部分传递，形成应力恢复区，减小了应力卸载区范围。

与此同时，由于充填矸石对围岩起到了一定的支撑作用，减小了未采煤柱的应力集中现象，因此，充填率增大后，回风水平以上煤柱以及未采煤层的支撑压力区影响范围和应力集中程度有所减弱。由图 3−51 可以看出，回风平巷顶板处

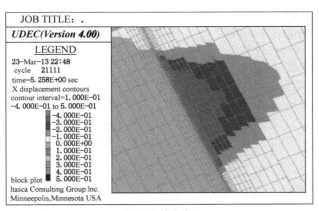

(a) 矸石充填率为80%

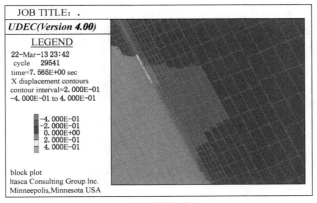

(b) 矸石充填率为60%

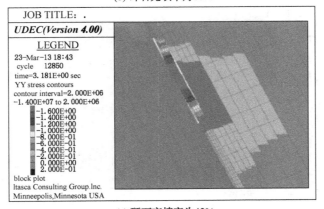

(c) 矸石充填率为40%

图 3－50　不同充填率情况下的围岩水平位移等值线图

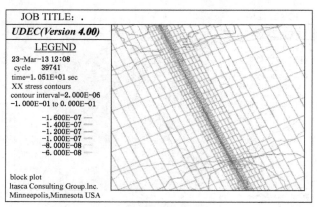

(a) 矸石充填率为40%

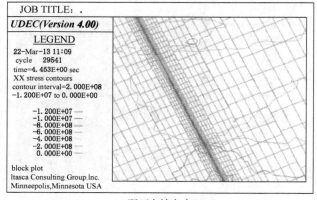

(b) 矸石充填率为60%

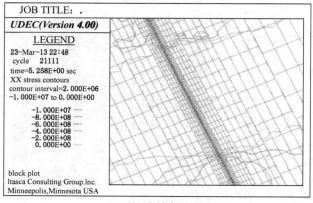

(c) 矸石充填率为80%

图3-51　不同充填率下的围岩水平应力分布图

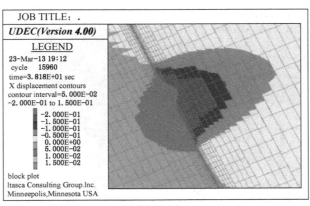

(a) 充填体强度为1 GPa

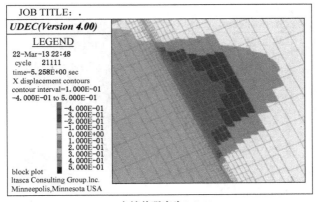

(b) 充填体强度为0.5 GPa

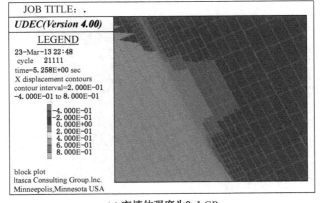

(c) 充填体强度为0.1 GPa

图 3－52　不同充填体强度下的围岩水平移动等值线图

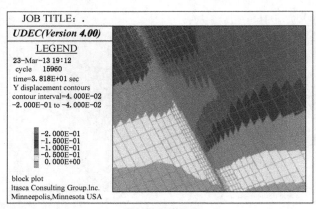

(a) 充填体强度为 1 GPa

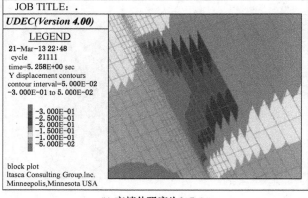

(b) 充填体强度为 0.5 GPa

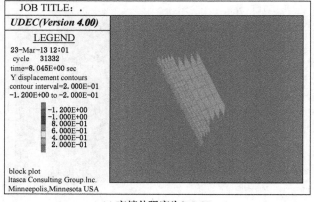

(c) 充填体强度为 0.1 GPa

图 3-53　不同充填体强度下的围岩下沉等值线图

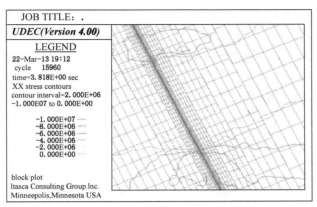

(a) 充填体强度为1 GPa

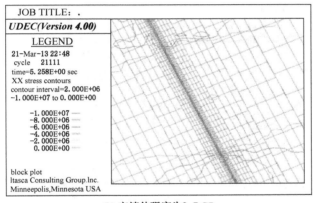

(b) 充填体强度为0.5 GPa

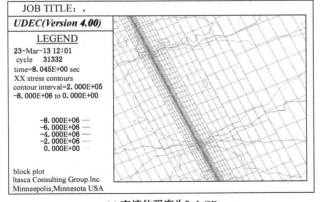

(c) 充填体强度为0.1 GPa

图 3-54 不同充填体强度下的围岩水平应力等值线图

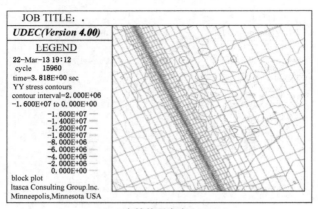

(a) 充填体强度为1 GPa

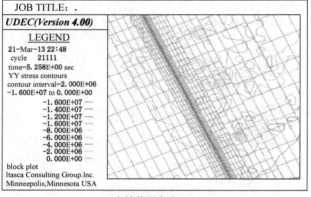

(b) 充填体强度为0.5 GPa

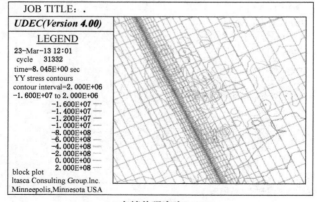

(c) 充填体强度为0.1 GPa

图 3-55　不同充填体强度下的围岩竖直应力等值线图

的最大水平应力由充填率为 40% 时的接近 16 MPa 降低至充填率为 80% 时的 10 MPa，应力集中系数也由 2.67 降低至 1.67，使岩层作用在回风巷的应力处于较低水平，明显改善了巷道的受力环境，对保证巷道围岩的稳定性和作业安全具有重要意义。

五、充填体强度对围岩移动的影响分析

在基准条件下，通过改变充填体强度来模拟充填体强度对围岩移动规律的影响，分别建立充填体弹性模量为 1 GPa、0.5 GPa、0.1 GPa 时的三个数值计算模型，模拟结果如图 3-52~图 3-55 所示。

由以上结果可知，充填体强度对岩层移动的控制作用较为明显，围岩的最大变形量随着充填体强度的增加而逐渐减小。由图 3-54、图 3-55 可以看出，充填体强度越高，采动围岩受平衡力扰动的程度越小。这是由于随着强度的提高，充填体具备了承载围岩的作用，并能够吸收应力和转移应力，从而参与采动围岩的重新自组并达到新的应力平衡状态。

由本节数值模拟分析可知，煤层倾角的变化对围岩水平变形影响较大，变形程度随着倾角的增大而减小；开采厚度主要影响围岩的变形值的大小，对应力分布形态影响较小；埋深越深，采后围岩的应力集中程度越高，围岩的最大下沉值也随之升高；充填率的改变决定了采场整体稳定程度，充填率越高，采场越稳定，围岩支撑压力区面积越小；充填体强度的增加可以提高充填体承载围岩和吸收应力的能力，减小围岩受平衡力扰动的程度，使充填体更好地参与采动围岩的重新自组并达到新的应力平衡状态。

第四节　急倾斜煤层充填开采地表沉陷规律研究

与缓倾斜煤层开采相比，急倾斜煤层采后地表移动较为复杂多变。由于楔形破坏区的存在，上覆岩层移动呈现非对称性，在靠近采空区一侧的岩层处于楔形破坏区的底部，对应的岩层下落距离较大，使其上方岩层的移动空间增大，因此岩石垮落范围较大，上覆岩层的移动量也随之增大；在背离采空区一侧的岩层处在楔形破坏区的顶部，岩层垮落空间较小，其上方岩层的滑移空间变小，因此，岩石的垮落范围小，岩层移动量小。这一现象在地表往往表现为沿煤层倾斜方向形成非对称的下沉盆地，该下沉盆地呈现出明显的非对称性，在采空区下山方向

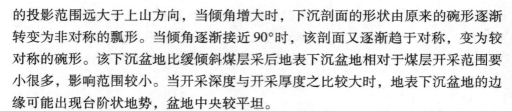

的投影范围远大于上山方向,当倾角增大时,下沉剖面的形状由原来的碗形逐渐转变为非对称的瓢形。当倾角逐渐接近90°时,该剖面又逐渐趋于对称,变为较对称的碗形。该下沉盆地比缓倾斜煤层采后地表下沉盆地相对于煤层开采范围要小很多,影响范围较小。当开采深度与开采厚度之比较大时,地表下沉盆地的边缘可能出现台阶状地势,盆地中央较平坦。

在通常情况下,煤层露头附近地表会出现漏斗状的非连续破坏,这种塌陷坑的出现对地表建筑物的危害极大。研究发现,产生这种塌陷坑的主要原因是该煤层顶底板坚硬,煤层埋深较浅,采出厚度和开采范围较大,煤层采出后顶底板不易垮落,采空区长时间得不到充填。随着倾斜方向开采高度的增加,上部未采煤层逐渐沿底板向采空区滑落产生抽冒,当抽冒范围扩展到煤层露头时,附近地表将发生严重的非连续破坏,即表现为偏向煤层顶板方向的塌陷坑,塌陷坑对地表建筑物的破坏极大。因此,在开采顶底板坚硬且煤层厚度较大的急倾斜煤层时,要采取必要措施,如在采空区强行爆破崩落顶底板、取渣充填采空区等方式,防止地表塌陷坑的出现。

充填开采法可以有效地控制采空区顶底板岩层移动变形,防止顶板出现楔形破坏区,减小上覆岩层的下移空间,从而减小上覆岩层的垮落范围和下沉量,避免或减缓以上情形对地表产生的破坏。

本节采用三维离散元数值计算方法建立急倾斜充填开采地表沉陷模型,分析垮落法开采和充填开采地表移动变形规律,在此基础上,运用正交试验对多因素影响条件下地表下沉量和水平位移量进行测算,分别计算各因素最大下沉和最大水平位移指标的极差,得出各因素对地表移动变形影响程度排序。

一、充填开采地表沉陷数值模拟研究

为了研究急倾斜煤层充填开采地表沉陷规律和减沉效果,采用三维离散元数值计算方法,以某矿实际地质条件和采矿技术为背景,综合考虑工作面地质条件、地应力状况和采煤工艺因素,建立计算模型,分别对垮落法开采和充填法开采后地表下沉盆地形态和下沉规律进行模拟。

1. 倾斜充填开采沉陷模型的建立

将实际开采条件简化为离散元弹塑性本构模型,模型符合摩尔 – 库仑准则,简化后的模型尺寸沿 x、y、z 方向长度为 500 m×200 m×400 m,模型底面为垂直方向约束,侧面均为水平方向约束,模型上方施加 2 MPa 的上覆岩层自重应力。模型煤岩层倾角均为 60°，平均埋深为 250 m。模型的物理力学参数见表 3-3。模拟开采煤层总垂高为 200 m，开挖分为 4 个阶段，每个阶段垂直高度为 50 m，由上而下依次进行。

表 3-3 数值模型岩石物理力学性质参数

岩性	厚度/ m	容重/ (kg·m⁻³)	弹性模量/ GPa	泊松比	抗拉强度/ MPa	内聚力/ MPa	摩擦角 φ/ (°)
砾岩	200	2600	5.3	0.17	0.8	1.4	40
粗砂岩	70	2650	5.5	0.24	1.4	3.4	38
细砂岩	15	2680	7.2	0.27	4.1	5.5	34
煤层	7	1400	1.8	0.16	1.2	2.0	43
炭质泥岩	30	2450	3.2	0.28	2.4	3.3	35
细砂岩	180	2650	7.4	0.27	4.3	5.5	34
充填矸石	7	2000	0.5	0.37	0.1	0.2	15

2. 急倾斜充填开采沉陷模拟结果分析

建立的急斜煤层充填开采地表沉陷离散元数值计算模型，模型中煤层分为 4 个区段，由上而下依次开挖，模拟各个阶段地表下沉和水平位移，等值线图如图 3-56、图 3-57 所示。

对图 3-56、图 3-57 进行分析，从垮落法开采模型的开挖结果来看，上山方向的等值线分布密集，下山方向的较为稀疏，下沉盆地呈非对称性分布。随着开采深度的增加，地表最大下沉值呈逐渐上升的趋势，最大下沉点逐渐向下山方向移动，并远离采空区中心投影位置。与垮落法开采相比，充填开采随着采深的增加，最大下沉值增加幅度较小，下沉等值线分布稀疏，下沉盆地的范围小于垮落法且面积增长缓慢，其非对称性不明显。

垮落法开采地表水平位移量随着开采深度的增加不断增大，上山方向等值线分布较密，最大水平位移点向下山方向移动明显，影响范围不断扩大；充填法开采地表水平位移值小于垮落法开采且增长缓慢，最大下沉区域始终保持在上山方向上，水平位移影响范围与垮落法基本相同。

开采至第四区段时，地表的最大下沉曲线和水平位移曲线如图 3-58、图

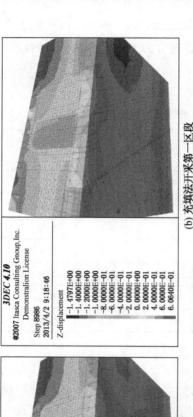

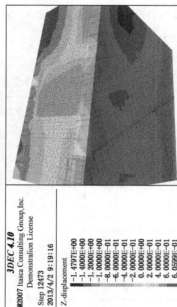

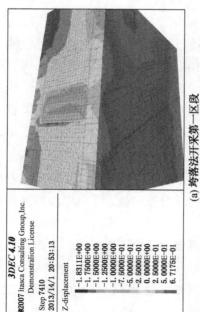

(a) 跨落法开采第一区段

(b) 充填法开采第一区段

(c) 跨落法开采第二区段

(d) 充填法开采第二区段

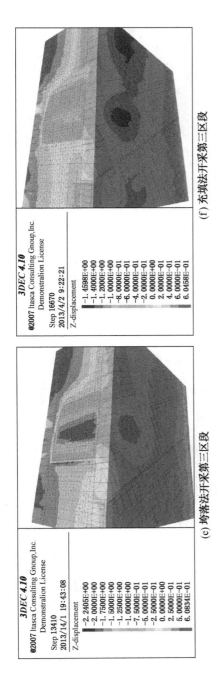

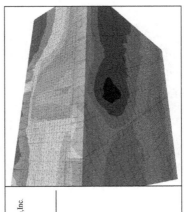

图 3 - 56 急倾斜煤层开采地表下沉等值线图

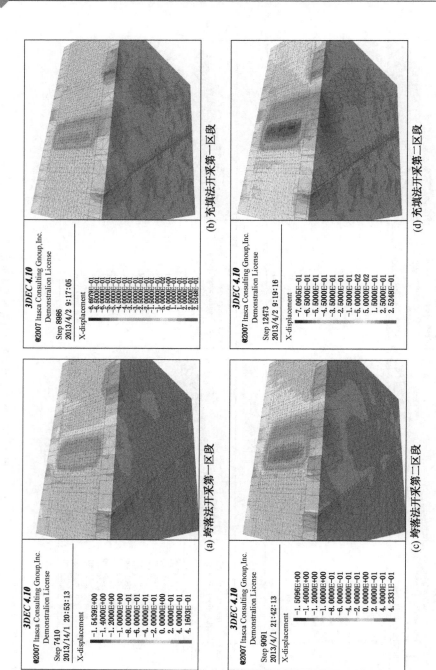

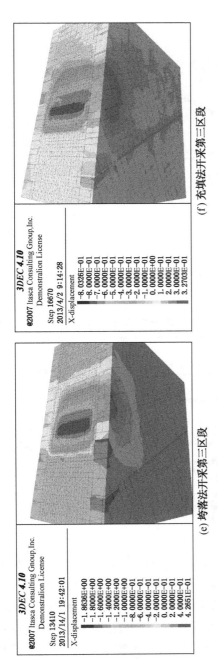

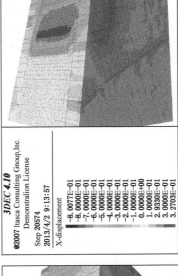

(c) 跨落法开采第三区段

(f) 充填法开采第三区段

(g) 跨落法开采第四区段

(h) 充填法开采第四区段

图 3 – 57 急倾斜开采地表水平位移等值线图

3－59 所示。

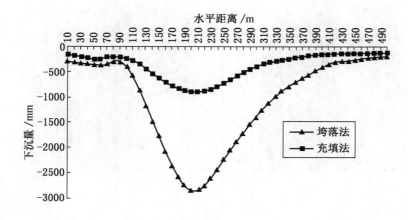

图 3－58　地表下沉对比曲线图

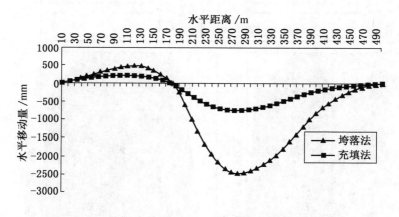

图 3－59　地表水平移动对比曲线图

　　由图 3－58、图 3－59 可以看出，对于垮落法开采，地表下沉呈现非对称形态，最大下沉值达到 2780 mm，最大水平移动值达 2470 mm。采用充填开采时，地表下沉曲线比较平滑，地表最大下沉值和水平位移值分别为 910 mm 和 750 mm，与垮落法开采相比，分别下降了 67% 和 70%。由此可以看出，急倾斜煤层充填开采可以有效地控制岩层移动变形，减小地表沉陷及水平移动，在"三下"采煤时，对地表建筑物、水体及铁路起到一定的保护作用。

二、多因素影响条件下地表移动变形研究

由于充填开采的减沉效果受多方面因素影响和制约，由 3.1 中对围岩移动变形影响因素的分析结论可以看出，煤层倾角、煤层开采厚度、煤层埋深、充填率和充填体强度同样对地表下沉量和水平位移产生影响。为了进一步研究充填开采地表下沉规律以及各影响因素对减沉效果的贡献程度，在此选用正交试验法对 5 个影响因素共同作用下充填开采地表移动规律进行研究。

1. 正交试验原理

对于多因素多水平问题而言，为了分析因素和水平对指标值的影响，研究各因素对结果的扰动水平，需要进行许多组试验才能达到试验目的。为了减少试验组数并合理对试验过程进行规划，通常可以采用正交试验方法。正交试验法是一种试验优化和分析方法，通过概率论、数理统计等基本数学方法来设计多因素多水平试验，因素的水平数可以相同也可以不同。正交试验设计的主要方法是采用正交表来安排试验，从全面试验中选择具有代表性的点分别进行试验，在选择试验点时，必须符合均衡性和正交性原则，即每个因素的各个水平在试验过程中出现相同次数，并且任意两个因素的不同水平搭配在试验中出现的次数相同。最后对试验结果进行极差分析，从而对各因素的影响程度进行排序。

2. 正交试验设计

根据前文中对煤层倾角、煤层开采厚度、煤层埋深、充填率和充填体强度的水平取值标准，建立多因素影响条件下地表移动变形正交试验模型。根据均衡性和正交性原则以及总体因素和水平数，选择具有代表性的 15 组试验进行研究，试验影响因素正交表见表 3 – 4。

表 3 – 4 五因素三水平正交试验表

试验编号	煤层倾角/ (°)	开采厚度/ m	煤层埋深/ m	充填率/ %	充填体弹性模量/ MPa
1	50	2	300	40	4
2	50	4	500	80	7
3	50	6	700	60	1
4	50	2	500	60	1
5	50	6	500	60	7

表 3-4（续）

试验编号	煤层倾角/ (°)	开采厚度/ m	煤层埋深/ m	充填率/ %	充填体弹性模量/ MPa
6	65	4	700	40	7
7	65	6	300	80	1
8	65	2	500	60	4
9	65	4	700	80	7
10	65	4	300	40	1
11	80	6	500	40	1
12	80	2	700	80	4
13	80	4	300	60	7
14	80	6	300	40	4
15	80	2	700	80	4

采用三维离散元数值模拟软件建立试验模型，沿用充填开采沉陷模型各岩层的物理力学参数，见表 3-1。模型尺寸增大，长×宽×高为 800 m×400 m×800 m，煤层倾角为 60°，模拟沿倾斜方向开采至 150 m。

3. 试验结果分析

根据模拟结果，对地表最大下沉值和最大水平位移值进行汇总，见表 3-5。计算影响地表下沉各因素各个水平的总和 K_i 与水平均值 k_i，并以此计算影响因素的极差 R，极差越大，说明该因素对评价指标的影响程度越大。计算结果见表 3-6、表 3-7，表 3-6、3-7 中 K_1、K_2、K_3、k_1、k_2、k_3、R 均为各个因素的评价指标值，为无量纲值。

表 3-5 正交试验结果

试验 编号	煤层倾角/ (°)	开采厚度/ m	煤层埋深/ m	充填率/ %	充填体弹性模量/ MPa	下沉值/ mm	水平位移值/ mm
1	50	2	300	40	4	240	150
2	50	4	500	80	7	55	38
3	50	6	700	60	1	220	160
4	50	2	500	60	1	120	80

表 3-5（续）

试验编号	煤层倾角/(°)	开采厚度/m	煤层埋深/m	充填率/%	充填体弹性模量/MPa	下沉值/mm	水平位移值/mm
5	50	6	500	60	7	220	160
6	65	4	700	40	7	160	120
7	65	6	300	80	1	340	240
8	65	2	500	60	4	120	100
9	65	4	700	80	7	70	55
10	65	4	300	40	1	480	360
11	80	6	500	40	1	320	300
12	80	2	700	80	4	30	28
13	80	4	300	40	7	110	150
14	80	6	300	40	4	310	430
15	80	2	700	80	4	30	28

表 3-6　各因素地表下沉影响程度

评价指标		综合平均值	煤层倾角	开采厚度	煤层埋深	充填率	充填体强度
最大下沉值	K_1	635	640	1480	525	615
	K_2	690	875	835	790	730
	K_3	770	1240	510	1510	1480
	k_1	127	128	296	105	123
	k_2	138	175	167	158	146
	k_3	154	248	102	302	296
	R	27	120	194	197	173
重要性排队		5	4	2	1	3

对于最大下沉值而言，充填率的极差最大，即对下沉值的影响程度最大。最大下沉值随着充填率的降低而明显增大。埋深的影响程度次之，煤层倾角的极差最低，只有 27，与充填率极差相去甚远，因此对下沉值的影响也就最小。在评价水平位移值时，充填率的影响程度依然最高，埋深次之，煤层倾角最低。综合最大下沉值和水平位移值指标的影响效果，对各因素对急倾斜充填开采地表移动变形的影响程度进行排序，见表 3-8。

表 3−7　各因素地表水平位移影响程度

评价指标	综合平均值	煤层倾角	开采厚度	煤层埋深	充填率	充填体强度
最大水平位移值	K_1	428	468	1330	389	523
	K_2	515	723	678	650	736
	K_3	908	1118	391	1360	1140
	k_1	85.6	93.6	266	77.8	104.6
	k_2	103	144.6	135.6	130	147.2
	k_3	181.6	223.6	78.2	272	228
	R	96	130	187.8	194.2	123.4
重要性排队		5	3	2	1	4

表 3−8　影响因素排序

影响因素	充填率	煤层埋深	充填体强度	开采厚度	煤层倾角
重要性排队	1	2	3	4	5

　　由表 3−8 可以看出，充填率和充填体强度对地表移动变形影响较大，因此，在实际充填过程中，采用合理有效的措施提高充填率、增强充填体强度，对控制地表下沉和水平位移、减小移动变形对建筑物的破坏等级具有重要的现实意义。

第四章　急倾斜煤层充填开采
覆岩运移规律研究

本章通过具体分析急倾斜工作面地质条件，运用力学分析和有限元三维数值计算软件进行仿真模拟实验，对不同煤层倾角等条件下的矸石局部充填开采覆岩运移规律进行分析。

第一节　四川某煤矿工程概况

四川某煤矿 3221 工作面位于 +350 m 水平矿井，在打锣湾背斜西翼 322 采区上部。该工作面上部为 5614 工作面（已回采），南面为 3222 综采工作面（未回采），南面靠近 660 运输大巷、790 回风平硐保护煤柱。该工作面中部有原地勘单位施工的 1 – 1 地质钻孔，该孔封孔良好，无水涌出。工作面机巷走向长 246 m、风巷走向长 261 m，倾长度约为 105 m，斜面积为 19542 m²，地质储量为 137382 t，可采储量为 130512 t。

该工作面煤层为半暗半亮型焦煤、焦肥煤，呈玻璃光泽，硬度系数约为 1.5。煤层倾向约为 302°，倾角为 36° ~ 42°，平均倾角为 40°。煤层为简单结构，煤层全高 3.07 ~ 3.56 m，平均全高约为 3.43 m，纯煤厚度为 2.80 ~ 3.35 m，平均纯煤厚度约为 3.2 m。工作面煤层综合柱状图如图 4 – 1 所示。

大量研究表明：急倾斜大倾角煤层长壁工作面安全高效开采的核心是"支架—围岩"系统的稳定性的有效控制。在长壁垮落法开采过程中，沿工作面倾斜方向中上部区域顶板移动变形破坏特征活跃，该范围顶板与支架的接触及施载特征复杂，由于随倾角增大，重力切向分力增大而法向分力减小，造成支架受载不均衡且所受的工作载荷变小，支架倾倒下滑及架间挤、咬现象加剧，导致"支架—围岩"系统的稳定性控制难度增大，容易造成安全事故。众所周知，充填采煤技术不仅可以控制岩层移动和地表沉陷、提高"三下"压煤资源采出率

层位	顶底板	厚度/m 最小～最大 平均	柱状 1:200	岩性描述
龙潭组 一段	基本顶	$\dfrac{6.40\sim9.50}{7.20}$	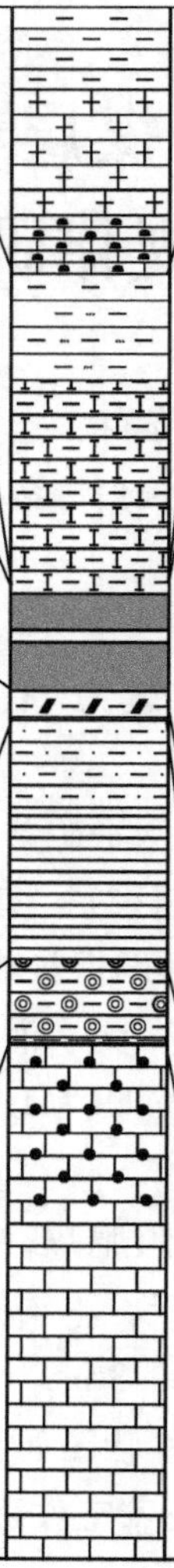	上为深灰色泥岩，中为泥质灰岩，下为灰黑色硅质薄层灰岩
	直接顶	$\dfrac{6.50\sim11.00}{8.60}$		上为深灰色泥岩，下为灰色钙质泥岩，含黄铁矿团块
				上为一层煤线，下为灰色黏土泥岩，含植物根叶化石，吸水性强
	伪顶	$\dfrac{0\sim0.20}{0.15}$		
	煤（K1）	$\dfrac{0.24\sim2.00}{3.2}$		黑色，具有玻璃光泽，煤种为焦、焦肥煤。煤层为复杂结构，含矸2～4层，其中部有一层厚约0.07 m的高岭石泥岩，为煤层标志层。其上为一层岩性、厚度变化较大的夹矸层，岩性为炭质泥岩、泥岩、砂质泥岩及砂岩，厚度在0.5 m以上时为煤层分岔矸，将煤层分为上、下两层煤。本工作面存在煤层分岔情况
	直接底	$\dfrac{0.20\sim1.20}{0.70}$		
	基本底	$\dfrac{1.00\sim12.20}{6.60}$		炭质泥岩，夹灰白色细砂岩，含黄铁矿晶粒
	铝土岩	$\dfrac{0.60\sim3.60}{2.10}$		上为浅灰色砂质泥岩，下为黑色页岩
				灰白色铝土，手感细腻，遇水易软化，富含黄铁矿团块
茅口组	灰岩	$\dfrac{130\sim180}{140}$		上部为灰色灰岩，较硬，裂隙发育，裂隙间充填灰白色铝土，铝土易垮落，中下部为灰至灰黑色灰岩，中部岩层含燧石结核，富含腕足类和蜓蜥类化石

图4-1　工作面煤层综合柱状图

和解决矸石排放问题，还能有效抑制煤层及顶底板动力现象，有利于提高"支架—围岩"系统稳定性。该技术正逐渐成为我国煤炭资源绿色开采的核心技术之一，是实现矿区生态和安全生产环境由被动治理向主动防治的重大转变。理论研究与生产实践表明：使用充填开采方法虽然会增加一定的吨煤成本，但是和传统的垮落法采煤相比，本质的区别在于工作面后方不再是一个无支护的采后空区，采场形成了一个"煤体—液压支架—采空区充填体"组成的动态作业空间，采场围岩的应力状态由双向变成三向，加强了采场围岩的强度，增加了其自我承载能力，可有效抑制其移动变形和提高"支架—围岩"系统的整体稳定性。

按充填量和充填范围占采出煤的比例，充填开采方法可分为全部充填和部分充填。基于急倾斜大倾角煤层垮落顶板有向采空区下部区域滑移的特性，结合松散岩石的碎胀性，可采用矸石局部充填方法，利用人工充填矸石和垮落顶板复合矸石充填体控制顶板岩层，如图4-2所示。该方法不仅可以减少充填材料使用、降低充填成本、解决部分矿井矸石量不足的问题、提高充填效率和缓解采充矛盾，还可以有效地抑制围岩的变形破坏、减缓矿压显现、提高"支架—围岩"系统的稳定性，是实现急倾斜大倾角煤层安全高效开采的有效途径之一。

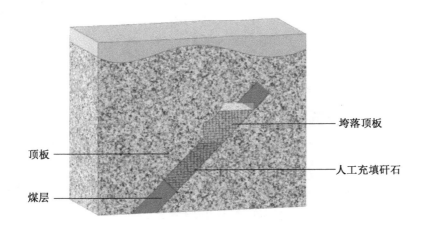

图4-2　急倾斜煤层局部充填开采示意图

根据四川某煤矿3221工作面的具体情况，准备采用矸石局部充填开采方式。为了对工作面直接顶、基本顶及上覆岩层在充填状态下的运移规律进行全面研究，在对建立的矸石局部充填采场覆岩力学模型分析的基础上，采用三维有限差分程序FLAC^{3D}对不同煤层倾角、充填比、采高、工作面长度条件下覆岩的运移规律进行数值模拟研究。

第二节　矸石局部充填开采顶板力学模型分析

本节以急倾斜煤层长壁矸石充填采场的基本顶为研究对象，分析了在不同工作面长度、倾角和充填比条件下的基本顶的挠曲度和转角的变化特征。

利用理论分析方法，建立了局部充填开采顶板力学模型。针对急倾斜煤层复合充填开采顶板受力复杂的特点，沿着工作面的倾斜方向，取单位宽度的顶板岩梁作受力分析，矸石充填开采默认下部已经充满并压实，与上部所受的载荷相同并相互抵消，力学模型可以简化为图4-3。

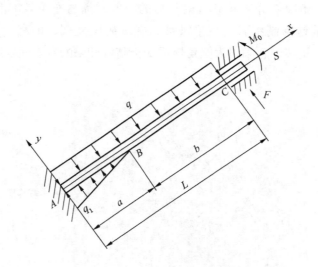

图4-3　顶板岩梁力学模型

在图4-3中，以 A 点为坐标原点，工作面倾斜方向为 x 轴，垂直于顶板向上为 y 轴，建立如图所示的 Axy 直角坐标系；L 为工作面长度；a 为工作面下部区域垮落顶板充填 AB 段长度；b 为未充填 BC 段长度；q 为上覆岩层作用的载荷，由于煤层埋深远大于工作面长度在竖直方向的投影，为理论求解方便，假设为均布载荷 $q = \gamma Y_a \cos\alpha$，$\alpha$ 为煤层倾角，Y_a 为煤层埋深，γ 为容重；q_1 为充填体载荷，直接顶垮落后充填于工作面中、下部区域，呈现三角形区域，其载荷满足三角形分布特征，且与载荷 q 相对应，即 $q_1 = q$；S 为工作面上部区域煤体的载荷，$S = \gamma Y_a \sin\alpha H$，$H$ 为顶板厚度；F 为工作面上部区域煤体 C 处约束力；M_0 为工作面上部区域煤体 C 处弯矩。根据图 4-3 力学模型，由材料力学中的弯矩理论可知：

顶板岩梁 AB 挠曲线微分方程可表示为

$$y''_{AB}(x) = \frac{M_0}{EI} + \frac{F}{EI}(L-x) - \frac{S}{EI}y_{AB}(x) - \frac{q}{2EI}(L-x)^2 + \frac{1}{EI}\int_x^a q\frac{a-\eta}{a}(\eta-x)\mathrm{d}\eta$$

$$(0 \leqslant x < a) \tag{4-1}$$

式中 E——弹性模量，MPa；

I——煤体惯性矩，m^4。

顶板岩梁 BC 挠曲线微分方程可表示为

$$y''_{BC}(x) = \frac{M_0}{EI} + \frac{F}{EI}(L-x) - \frac{S}{EI}y_{BC}(x) - \frac{q}{2EI}(L-x)^2 \quad (a \leqslant x < L) \tag{4-2}$$

式中，F、S、M_0 为工作面上部区域煤体 C 处的约束力和弯矩。根据 AB、BC 的受力特征和约束条件，其对应的边界条件为

$$y_{AB}(0) = 0 \qquad \theta_{AB}(0) = 0 \qquad y_{AB}(a) = y_{BC}(a)$$
$$y_{BC}(L) = 0 \qquad \theta_{BC}(L) = 0 \qquad \theta_{AB}(a) = \theta_{BC}(a)$$

顶板岩梁 AB 段和 BC 段的挠度和转角方程为

$$y_{AB}(x) = C_1\cos\sqrt{\frac{S}{EI}}x + C_2\sin\sqrt{\frac{S}{EI}}x + \left(\frac{2Lq - 2F - aq}{2S}\right)x +$$
$$\frac{EIq}{aS^2}x - \frac{q}{6aS}x^3 + \frac{M_0}{S} + \frac{FL}{S} + \frac{a^2q - 3L^2q}{6S} \tag{4-3}$$

$$y_{BC}(x) = C_3\cos\sqrt{\frac{S}{EI}}x + C_4\sin\sqrt{\frac{S}{EI}}x - \frac{q}{2S}x^2 + \left(\frac{qL-F}{S}\right)x +$$
$$\left(\frac{M_0}{S} + \frac{FL}{S} - \frac{FL^2}{2S} + \frac{EIq}{S^2}\right) \tag{4-4}$$

$$\theta_{AB}(x) = -C_1\sqrt{\frac{S}{EI}}\sin\sqrt{\frac{S}{EI}}x + C_2\sqrt{\frac{S}{EI}}\cos\sqrt{\frac{S}{EI}}x -$$
$$\frac{q}{2aS}x^2 + \frac{EIq}{aS^2} - \frac{F}{S} + \frac{Lq}{S} - \frac{aq}{2S} \tag{4-5}$$

$$\theta_{BC}(x) = -C_3\sqrt{\frac{S}{EI}}\sin\sqrt{\frac{S}{EI}}x + C_4\sqrt{\frac{S}{EI}}\cos\sqrt{\frac{S}{EI}}x - \frac{q}{S}x + \frac{qL-F}{S} \tag{4-6}$$

C_1、C_2、C_3、C_4、F、M_0 为常数，可表示为

$$\begin{bmatrix} 1 & 0 & 0 & 0 & \dfrac{1}{S} & \dfrac{L}{S} \\[2mm] 0 & \sqrt{\dfrac{S}{EI}} & 0 & 0 & 0 & -\dfrac{1}{S} \\[2mm] 0 & 0 & \cos\sqrt{\dfrac{S}{EI}}L & \sin\sqrt{\dfrac{S}{EI}}L & \dfrac{1}{S} & -\dfrac{L^2}{2S} \\[2mm] 0 & 0 & -\sqrt{\dfrac{S}{EI}}\sin\sqrt{\dfrac{S}{EI}}L & \sqrt{\dfrac{S}{EI}}\cos\sqrt{\dfrac{S}{EI}}L & 0 & -\dfrac{1}{S} \\[2mm] \cos\sqrt{\dfrac{S}{EI}}a & \sin\sqrt{\dfrac{S}{EI}}a & -\cos\sqrt{\dfrac{S}{EI}}a & -\sin\sqrt{\dfrac{S}{EI}}a & 0 & \dfrac{L^2}{2S} \\[2mm] -\sqrt{\dfrac{S}{EI}}\sin\sqrt{\dfrac{S}{EI}}a & \sqrt{\dfrac{S}{EI}}\cos\sqrt{\dfrac{S}{EI}}a & \sqrt{\dfrac{S}{EI}}\sin\sqrt{\dfrac{S}{EI}}a & -\sqrt{\dfrac{S}{EI}}\cos\sqrt{\dfrac{S}{EI}}a & 0 & 0 \end{bmatrix}$$

$$\begin{bmatrix} C_1 \\[2mm] C_2 \\[2mm] C_3 \\[2mm] C_4 \\[2mm] M_0 \\[2mm] F \end{bmatrix} = \begin{bmatrix} \dfrac{3L^2q - a^2q}{6S} \\[3mm] \dfrac{aq}{2S} - \dfrac{EIq}{aS^2} - \dfrac{qL}{S} \\[3mm] -\dfrac{L^2q}{2S} - \dfrac{EIq}{S^2} \\[3mm] 0 \\[3mm] \dfrac{L^2q}{2S} \\[3mm] -\dfrac{EIq}{aS^2} \end{bmatrix}$$

大量研究表明：在采用矸石充填时，不同煤层倾角、工作面长度和充填比情况下覆岩的运移规律也会发生改变。

Matlab（Matrix Laboratory，矩阵实验室）是一款用于算法开发、数据可视化、数据分析以及数据计算的高级数学软件，可以方便用户进行矩阵运算、绘制函数和数据图像，也可以通过用户界面的句柄来绘制图像，具有数据处理的强大功能。目前，Matlab 已经在很多领域取得了成功的应用，这表明 Matlab 所代表的数据分析处理在科学、工程等方面发挥重要作用。

本节采用 Matlab 软件在理论分析的基础上编写程序，利用软件自带绘图功能，在固定其他变量的情况下分别对不同煤层倾角、工作面长度和充填比等的挠度和转角进行分析，其部分关键 C ++ 代码如图 4 - 4、图 4 - 5 所示。

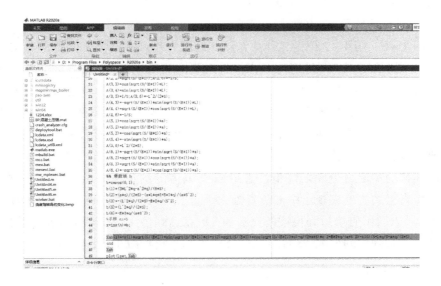

图 4-4 Matlab 软件分析不同因素下的挠曲度变化主要代码

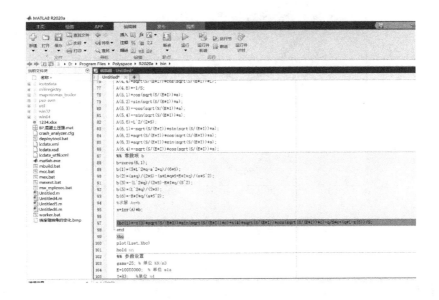

图 4-5 Matlab 软件分析不同因素下的转角变化主要代码

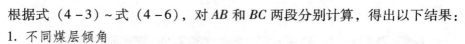

根据式（4-3）~式（4-6），对 AB 和 BC 两段分别计算，得出以下结果：

1. 不同煤层倾角

在图 4-6、图 4-7 中，工作面长度 0 处记为 A 点，工作面长度 50 m 处记为 B 点，工作面长度 100 m 处记为 C 点。针对不同的工作面倾角（35°、40°、45°、50°），对于急倾斜煤层，由于其角度满足矸石自溜的要求，垮落顶板矸石向采空区下部区域滑移，形成下部充填压实、中部松散充填、上部悬空的非均衡充填效应。沿工作面倾斜方向，中上部区域顶板移动变形破坏特征活跃，该范围顶板与支架的接触及施载特征复杂，由于随倾角增加，重力切向分力增大而法向分力减小，其移动变形量也随之降低。在矸石充填体的约束下，由于开采的倾角效应，顶板岩梁的挠度表现出中部位置处大于上、下部位置处的特征；顶板岩梁的转角在 AB 段表现出先增后降再增的趋势，在 B 点达到最大，在 BC 段表现出降低的趋势。且随着倾角的增大，顶板岩梁的挠曲度和转角均减小，且差距逐渐降低。

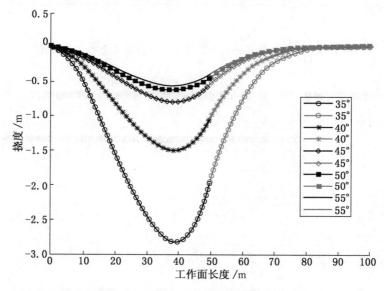

图 4-6　不同煤层倾角条件下顶板的挠曲度变化特征

2. 不同工作面长度

在图 4-8、图 4-9 中，工作面长度 0 处记为 A 点，工作面长度值一半处记为 B 点，工作面长度值处记为 C 点。针对不同工作面长度（80 m、100 m、120 m、140 m），随着工作面长度的增加，顶板悬空面积加大，移动变形破坏加剧。当

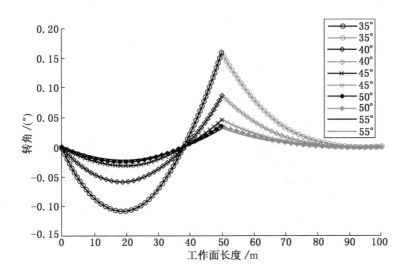

图 4-7　不同煤层倾角条件下顶板的转角变化特征

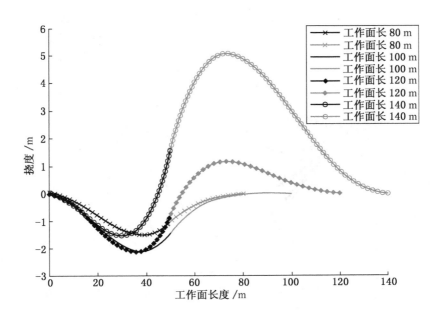

图 4-8　不同工作面长度条件下顶板的挠曲度变化特征

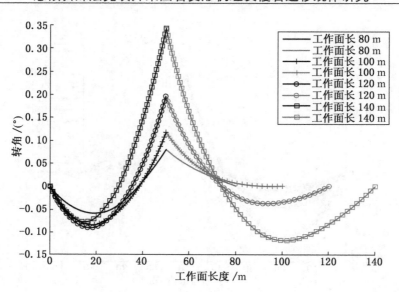

图4-9 不同工作面长度条件下顶板的转角变化特征

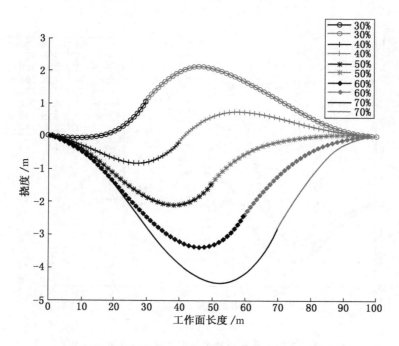

图4-10 不同充填比条件下顶板的挠曲度变化特征

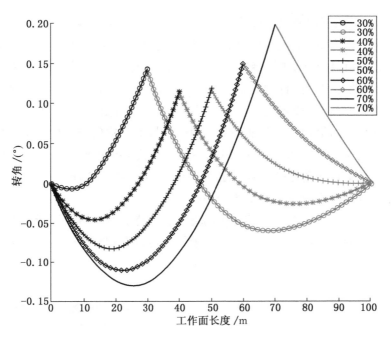

图 4-11 不同充填比条件下顶板的转角变化特征

工作面长度大于 100 m 时，顶板岩梁 AB 段和 BC 段的挠曲度均表现出先增后降特征；当工作面长度小于 100 m 时，顶板岩梁的转角整体表现出中部位置处大于上、下部位置处的特征；顶板岩梁的转角在 AB 段表现出先增后降再增的趋势，在 B 点达到最大，在 BC 段表现出先降后增再降的趋势，与 AB 段相反。随着工作面长度的增加，无论是转角还是挠度，工作面长度的变化造成的影响大于煤层倾角，其对急倾斜煤层开采顶板运移影响较为明显。

3. 不同充填比

在图 4-10、图 4-11 中，工作面长度 0 处记为 A 点，工作面长度（100 m × 充填比）处记为 B 点，工作面长度 100 m 处记为 C 点。针对不同充填比（30%、40%、50%、60%、70%），生产实践表明，即使在不充分充填的情况下，采用矸石自溜充填，能产生类似于实体煤的支撑作用，相当于减少了采场采空区空间，由于倾角作用，冒落的顶板岩石将顺着煤层底板下滑充填采空区，由于岩石碎胀性的（一般碎胀性系数为 1.3）影响，不断压缩采场空间，可有效地抑制煤层上覆岩层的下沉，从而使地表的各种变形随之减小。由图 4-10、图 4-11 可知，当充填比大于 50% 时，顶板岩梁的挠度表现出先增后降的特征，顶板岩梁的转角在 AB 段表现出先增后降再增的趋势，在 B 点达到最大，在 BC 段表现出降低的趋势；当充填比小于 50% 时，与充填比大于 50% 时不同，顶板岩梁的挠度表现出先增后降再增再降的趋势，在工作面中部达到最大值，顶板岩梁的转角在 AB 段表现为先增后降再增的趋势，在 B 点达到最大，在 BC 段表现出先降后增再降的趋势，与 AB 段相反。从中可以看出，当充填比取 40% 和 50% 时，顶板岩梁的挠度和转角值相对于其他最低。由于充填比的取值与直接顶垮落相关，当直接顶垮落充填采空区 40% ~50% 时，控制顶板效果最佳。随着垮落矸石充填比的增加，无论是转角还是挠度，工作面长度的变化造成的影响大于煤层倾角，其对急倾斜煤层开采顶板运移影响较为明显。

通过以上分析可以看出：随着倾角增大，其挠曲度、转角不断减小；工作面长度和充填比的变化对急倾斜煤层开采顶板的运移影响较为明显；当工作面垮落顶板充填比在 40% ~50% 时，控制顶板效果最佳。

第三节　矸石局部充填采场覆岩运移规律数值模拟研究

FLAC^{3D} 三维数值计算研究所采用的拉格朗日有限差分法是一种解算给定初值和（或）边值的微分方程组的沿用较久的数值方法。该程序能较好地模拟地质材料在达到强度极限或屈服极限时发生的破坏或塑性流动的力学行为，适用于分析渐进破坏和失稳以及模拟大变形问题。

一、模型参数与模型建立

本次以四川某煤矿 3221 工作面的工程地质条件为研究背景，根据工作面的地质，模拟建立如图 4 - 12 所示的基本数值计算力学模型，基本模型尺寸（长×宽×高）为 300 m×240 m×300 m，模型两侧约束水平方向位移，底部约束垂直方向位移，采用摩尔 - 库仑模型。本次模拟为了更接近工程实际，根据地质资料和实验室岩石力学试验结果，得出煤层及主要岩层物理力学参数。计算采用摩尔 - 库仑（Mohr - Coulomb）屈服准则判断岩体的破坏：

$$f_s = \sigma_1 - \sigma_3 \frac{1 + \sin\varphi}{1 - \sin\varphi} - 2c \sqrt{\frac{1 + \sin\varphi}{1 - \sin\varphi}} \qquad (4 - 7)$$

式中　σ_1——最大主应力；

σ_3——最小主应力；

c——黏结力；

φ——摩擦角。

当 $f_s > 0$ 时，材料将发生剪切破坏。可根据抗拉强度准则（$\sigma_3 \geqslant \sigma_T$）判断岩体是否产生拉破坏。

以四川某煤矿 3221 工作面作为工程背景，建立三维数值计算模型，在此基础上建立不同工况模型进行分析，见表 4-1。

表 4-1　影 响 因 素 基 准 表

影响因素	采高/m	充填比	工作面长度/m	倾角/(°)
基准值	3.2	1/3	105	40
对比参数	2.2、4.2	0、1/5、1/2、2/3	75、135	35、45

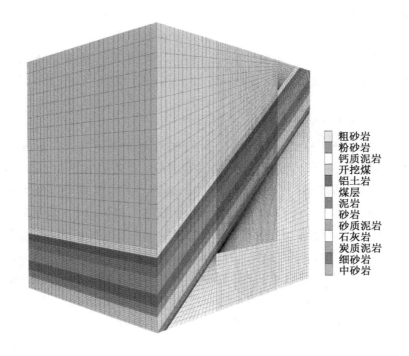

图 4-12　数值模拟基准模型

模型采用 FLAC^{3D} 中内置的 Mohr-Coulomb plasticity model 本构模型，在整个

运算过程中采用大应变变形模式。模型基准尺寸（长×高×宽）为 300 m × 300 m × 240 m，煤层采高为 3.2 m，工作面长度为 105 m，倾斜角度为 40°，整个模型由 936870 个单元组成，包括 965705 个节点，如图 4 - 12 所示。

各个工况的模型在模拟充填开采的过程中采用长壁工作面开采方法，每种工况在模拟开采的过程中皆采用改变单一变量的原则。在建立模型的过程中，考虑到边界效应对模型计算的影响，分别在工作面前后左右各留设一定宽度的煤柱，以减小边界效应。整个模型在各个面施加了一定的边界条件，其中在模型底面限制了垂直移动，在模型的前后左右 4 个面限制了水平移动，为使模拟结果更趋近于现实情况，在模型的上边面施加 8 MPa 向下的均布补偿载荷，在模拟开采之前要进行地应力平衡。

二、不同充填比条件下顶板及覆岩运移规律

本次模拟不同矸石充填比的工况下，是以采高为 3.2 m、工作面长度为 105 m、煤层倾角为 40°为基准，进行工作面下端头充填不同比例矸石的数值模拟研究，分别是不充填、充填 1/5、充填 1/3、充填 1/2、充填 2/3，分析直接顶、基本顶及上覆岩层的位移、应力和塑性区特征，如图 4 - 13 所示。

1. 直接顶

1）直接顶走向垂直位移特征

由图 4 - 14、图 4 - 15 可以看出，矸石局部充填能有效地抑制直接顶的位移，在不充填的条件下，推进至 80 m，直接顶最大垂直位移量为 166 mm，发生在工作面中部偏下的位置。当推进至 160 m 处时，直接顶最大垂直位移量达到 246 mm。局部充填 1/5 工作面长度的矸石后，推进至 160 m 时，最大垂直位移量减少到 96 mm，局部充填 1/5 和充填 1/3 的直接顶垂直位移变化特征相同，当充填 1/2、2/3，推进 80 m 时，直接顶最大垂直位移量分别为 35 mm、22 mm，且最大位移发生的位置在未充填区域与开切眼附近。当推进 160 m 处时，直接顶最大垂直位移量分别为 54 mm、30 mm，充填区域完全支撑了直接顶的垮落，由此说明，局部充填矸石的比例越大，对直接顶垂直位移抑制效果越明显。

由图 4 - 16～图 4 - 18 可以得出，在不充填条件下，直接顶垂直位移，依然遵循急倾斜煤层垮落的一般规律，工作面中部位移最大，下部次之，上部最小。在由工作面下部进行局部充填以后，不仅下部区域的直接顶垂直位移明显减小，而且中部区域、上部区域垂直位移也明显减小。但是最大垂直位移仍出现在工作

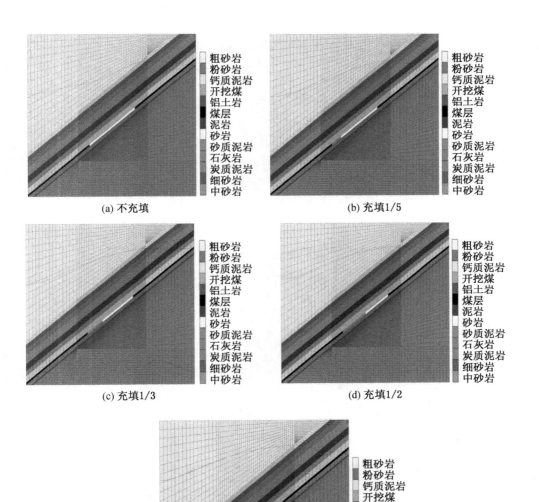

图 4-13　不同充填比条件下模型正面图

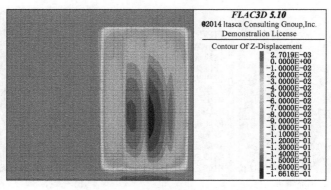

(a) 不充填

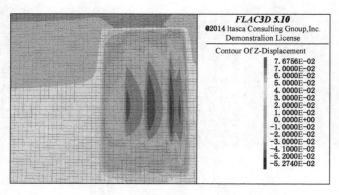

(b) 充填1/5

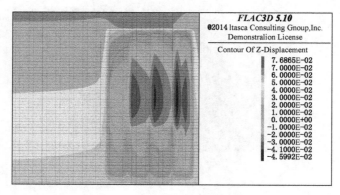

(c) 充填1/3

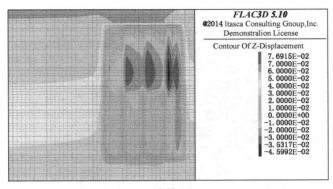

(d) 充填1/2

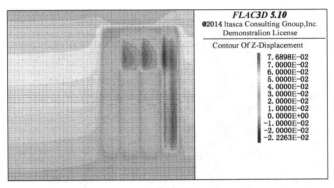

(e) 充填2/3

图 4-14　不同充填比条件下推进 80 m 时直接顶垂直位移变化

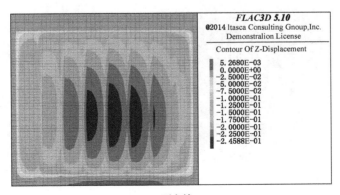

(a) 不充填

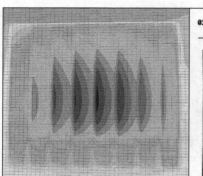

(b) 充填1/5

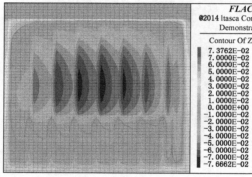

(c) 充填1/3

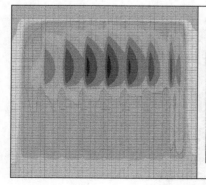

(d) 充填1/2

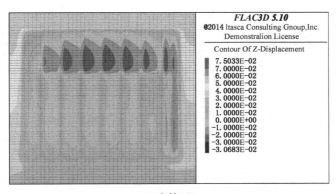

(e) 充填2/3

图4-15　不同充填比条件下推进160 m时直接顶垂直位移变化

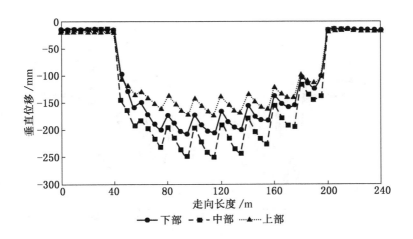

图4-16　不充填条件下直接顶不同部位垂直位移分布

面未充填区域的中部位置。不充填条件下，工作面后方开切眼煤柱以及前方煤壁向下发生了微小的位移，当沿工作面下端头充填不同比例的矸石后，走向方向前后煤柱呈现垂直向上的位移，最大位移量为向上的50 mm，且上部区域的两端煤柱位移最大，中部区域煤柱位移次之，下部最小。

　2）直接顶走向垂直应力特征

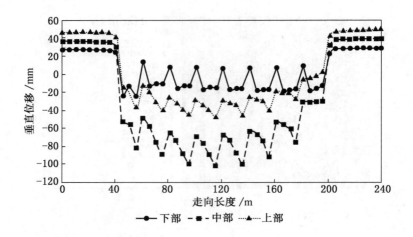

图4-17 充填1/5条件下直接顶不同部位垂直位移分布

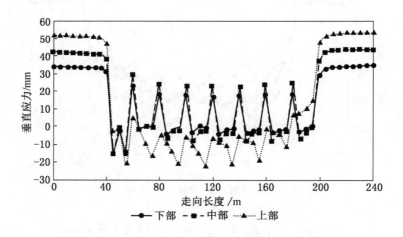

图4-18 充填2/3条件下直接顶不同部位垂直位移分布

由图4-19、图4-20可以看出，在不充填条件下，采场采空区侧、直接顶皆为应力释放区域，工作面推进至80 m时，最大应力释放区域应力值为0.485 MPa；工作面推进至160 m处时，最大应力释放区域应力值为0.491 MPa。应力集中区域分布在工作面直接顶的四周，当工作面推进至80 m时，应力集中区域最大集

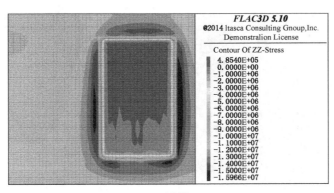

(a) 不充填

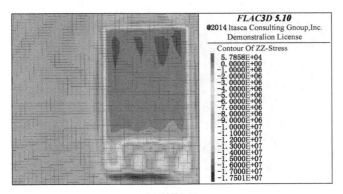

(b) 充填1/5

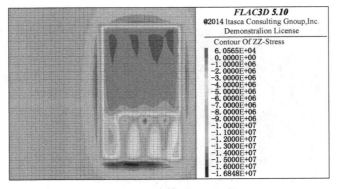

(c) 充填1/3

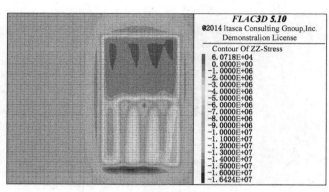

(d) 充填1/2

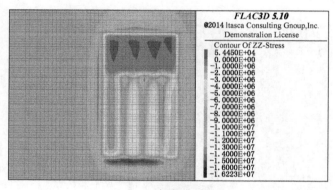

(e) 充填2/3

图 4-19　不同充填比条件下推进 80 m 时直接顶垂直应力变化

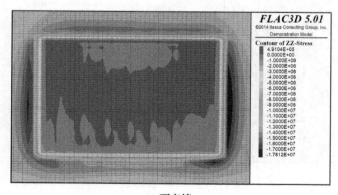

(a) 不充填

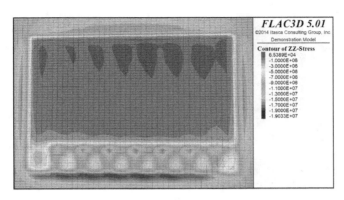

(b) 充填1/5

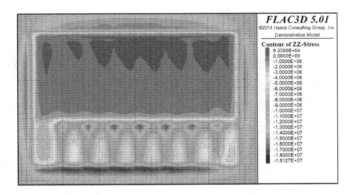

(c) 充填1/3

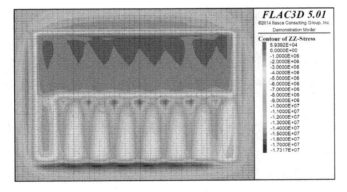

(d) 充填1/2

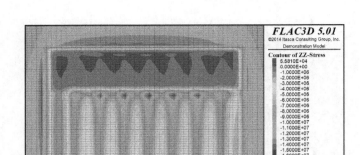

(e) 充填2/3

图 4-20 不同充填比条件下推进 160 m 时直接顶垂直应力变化

中应力值为 16 MPa；工作面推进至 160 m 时，应力集中区域最大集中应力值为 17.81 MPa，这说明随着工作面的推进，直接顶集中应力不断增大。

在沿工作面下端头向工作面上端头进行不同比例的充填后，直接顶应力释放区域应力值和应力释放区域范围明显减小，但是集中应力值相较于不充填反而增大，且集中应力最大值在工作面的下部区域。当推进至 160 m，工作面充填 1/5 时，集中应力最大值为 19 MPa；工作面充填 1/3 时，集中应力最大值为 18.1 MPa；工作面充填 1/2 时，集中应力最大值为 17.3 MPa；工作面充填 2/3 时，集中应力最大值为 16.9 MPa，这说明工作面充填以后集中应力值会增大，但随着充填矸石比例的不断增大，集中应力值又会相继减小。

由图 4-21～图 4-23 可以得出，在不充填条件下，下部区域、中部区域以及上部区域直接顶应力值为 0，工作面走向方向两端煤柱靠近采空区附近的应力值最大，最大值为 18.8 MPa。当充填以后，矸石充填区域对直接顶起到一定的支撑作用，且在走向推进至 145 m 处，直接顶垂直应力最大，最大值为 14.2 MPa，这说明该处直接顶完全压实在矸石的充填区域。此时工作面走向方向两端煤柱应力值为 12.7 MPa。

3）直接顶走向塑性区特征

由图 4-24 可以看出，不充填条件下，直接顶破坏形式主要为剪切破坏，整个破坏影响范围比较大，且在工作面上端口沿煤层层面方向塑性区范围不断向上

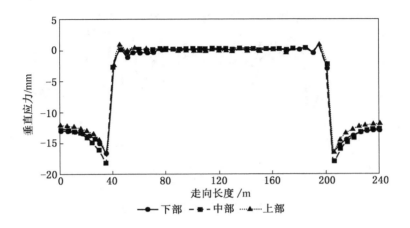

图 4-21　不充填条件下直接顶不同部位垂直应力分布

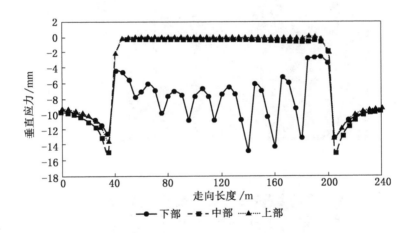

图 4-22　充填 1/5 条件下直接顶不同部位垂直应力分布

扩大，在工作面上部区域煤壁前方直接顶塑性区及煤壁后方直接顶塑性区范围大
于工作面下部区域。随着矸石充填比例不断增大，直接顶破坏影响范围不断减
小。采动影响区域主要是拉伸破坏，未充填区域及充填区域既有剪切破坏，又有
拉伸破坏。

　　2. 基本顶

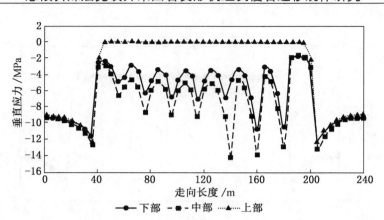

图4-23 充填2/3条件下直接顶不同部位垂直应力分布

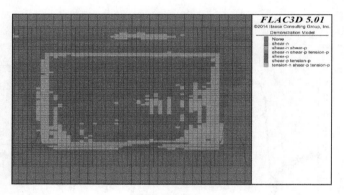

(a) 不充填

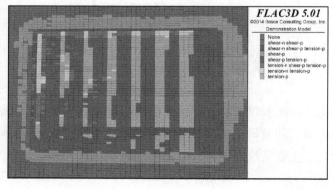

(b) 充填1/5

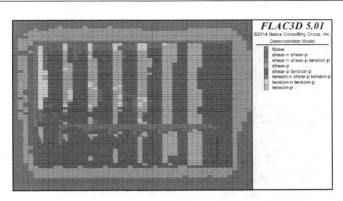

(c) 充填1/3

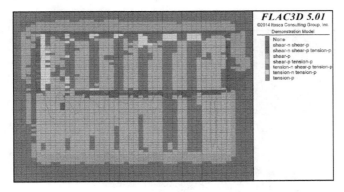

(d) 充填1/2

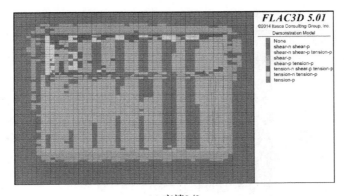

(e) 充填2/3

图 4 – 24　不同充填比条件下直接顶破坏场

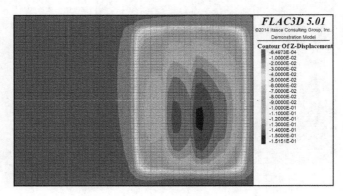

(a) 不充填

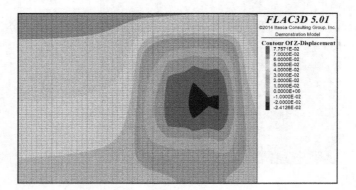

(b) 充填1/5

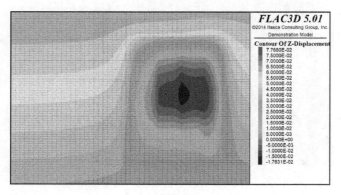

(c) 充填1/3

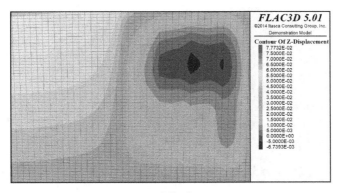

(d) 充填1/2

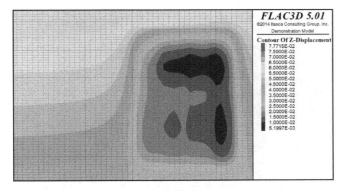

(e) 充填2/3

图4-25　不同充填比条件下推进80 m时基本顶垂直位移变化

1) 基本顶走向垂直位移特征

由图4-25、图4-26还可以看出，基本顶垂直位移特征与直接顶垂直位移特征相同，由于上覆岩层载荷的减小，充填矸石及直接顶形成结构以后对基本顶的支撑作用使得基本顶垂直位移进一步减小。在不充填的条件下，直接顶采空区及影响区域之外的区域为一个向上的垂直位移，位移值为5.27 mm，但是整个基本顶都是一个向下的垂直位移，最小位移值为0.44 mm，说明基本顶与直接顶岩层之间出现了微小的滑移现象。

由图4-25、图4-26还可以看出，当工作面推进至80 m，不充填时，基本

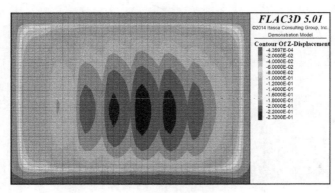

(a) 不充填

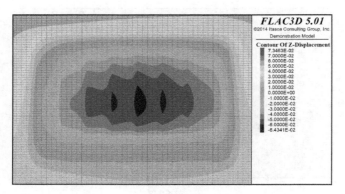

(b) 充填1/5

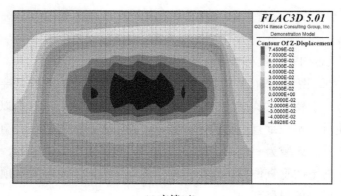

(c) 充填1/3

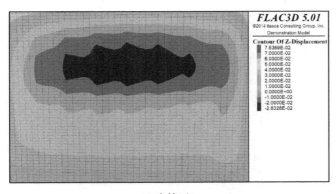

(d) 充填1/2

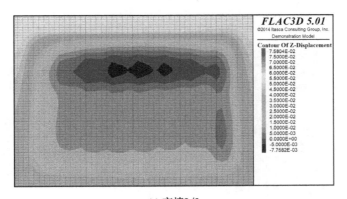

(e) 充填2/3

图 4 – 26 不同充填比条件下推进 160 m 时基本顶垂直位移变化

顶最大垂直位移值为 151.5 mm；矸石局部充填比为 1/5 时，基本顶最大垂直位移值为 24.13 mm；矸石局部充填比为 1/3 时，基本顶最大垂直位移值为 17.63 mm；矸石局部充填比为 1/2 时，基本顶最大垂直位移值为 6.74 mm；矸石局部充填比为 2/3 时，基本顶最大垂直位移值为向上的 5.2 mm。当工作面推进至 160 m，不充填时，基本顶最大垂直位移值为 232 mm；矸石局部充填比为 1/5 时，基本顶最大垂直位移值为 64.34 mm；矸石局部充填比为 1/3 时，基本顶最大垂直位移值为 48.93 mm；矸石局部充填比为 1/2 时，基本顶最大垂直位移值为 28.33 mm；矸石局部充填比为 2/3 时，基本顶最大垂直位移值为 7.76 mm。这说明当矸石充填比例达到工作面长度的 2/3 时，直接顶及上覆岩层垂直位移基本被抑制。

2）基本顶走向垂直应力特征

由图 4 – 27、图 4 – 28 可以看出，在不充填条件下，基本顶与直接顶相比，

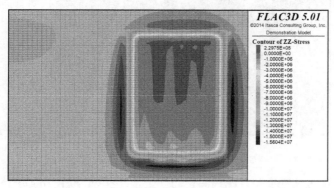

(a) 不充填

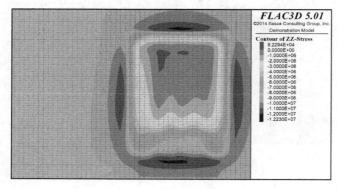

(b) 充填1/5

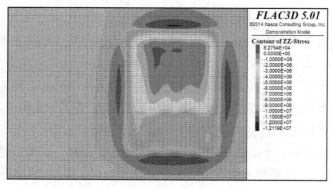

(c) 充填1/3

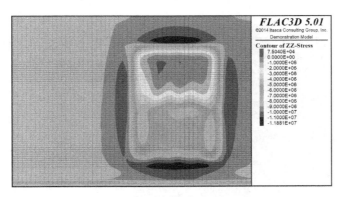

(d) 充填1/2

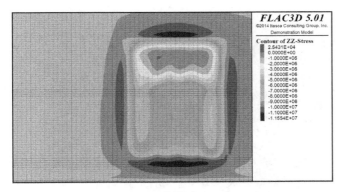

(e) 充填2/3

图 4－27　不同充填比条件下推进 80 m 时基本顶垂直应力变化

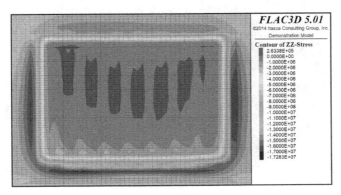

(a) 不充填

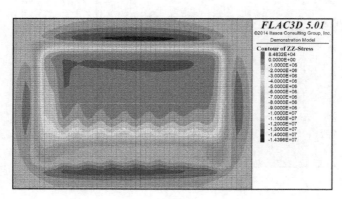

(b) 充填1/5

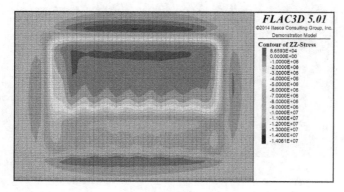

(c) 充填1/3

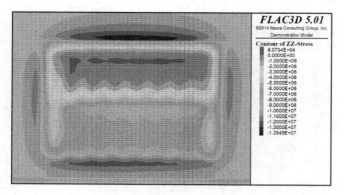

(d) 充填1/2

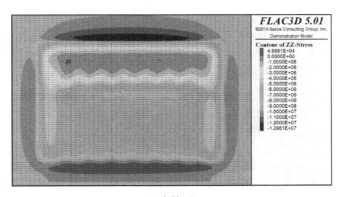

(e) 充填2/3

图 4-28　不同充填比条件下推进 160 m 时基本顶垂直应力变化

应力释放区的应力值及集中区域的集中应力值均减小。由于充填矸石在工作面下部并处于压实状态，以及与直接顶形成结构共同作用下对基本顶的下端头区域起到支护作用，使得采空区基本顶出现非应力释放区域。当工作面推进至 160 m，不充填时，集中应力最大值为 17.28 MPa；工作面充填 1/5 时，集中应力最大值为 14.4 MPa；工作面充填 1/3 时，集中应力最大值为 14.06 MPa；工作面充填 1/2 时，集中应力最大值为 13.55 MPa；工作面充填 2/3 时，集中应力最大值为 12.96 MPa，这说明矸石局部充填比例增大能够减小基本顶集中应力，且应力集中区域的最大应力集中随着充填比例的不断增大，逐渐由工作面的下部区域向上部区域转移。

3）基本顶走向塑性区特征

由图 4-29 可以看出，相较于直接顶，基本顶在充填或不充填条件下的破坏场范围明显减小，但是破坏场分布特征与直接顶相同。充填区域只发生剪切破坏。

3. 上覆岩层

1）沿煤层倾斜方向覆岩垂直位移变化特征

由图 4-30 可以看出顶板及上覆岩层垂直位移在不同充填比例条件下的变化。在不充填的条件下，如图 4-30a 所示，轮廓线内的顶板及上覆岩层整体出现向下位移，工作面垂直顶板层面位移最大，最大位移值为 254 mm。在对工作

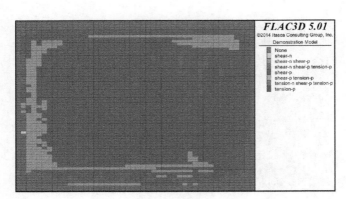

(a) 不充填

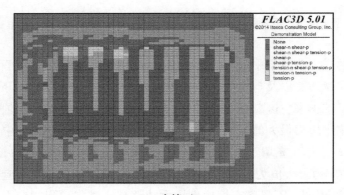

(b) 充填1/5

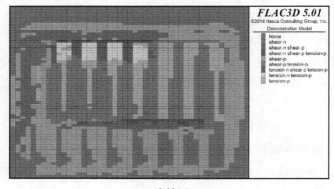

(c) 充填1/3

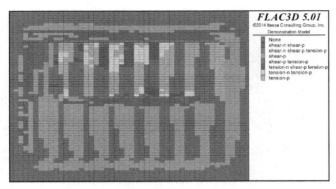

(d) 充填1/2

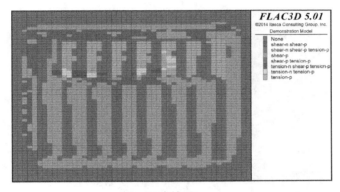

(e) 充填2/3

图4-29　不同充填比条件下基本顶破坏场

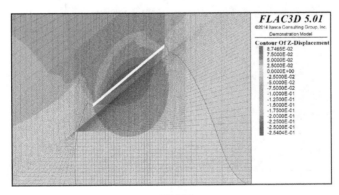

(a) 不充填

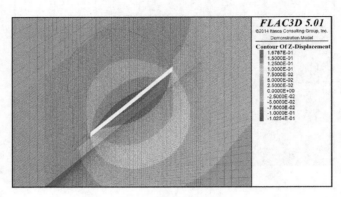

(b) 充填1/5

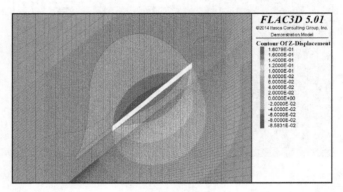

(c) 充填1/3

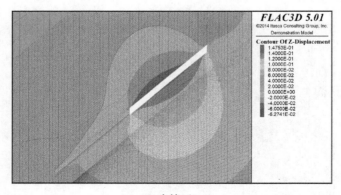

(d) 充填1/2

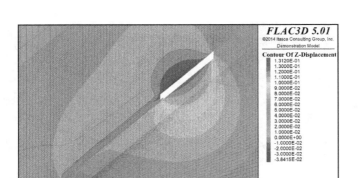

(e) 充填2/3

图 4 - 30　不同充填比条件下垂直位移变化

面进行不同比例的矸石充填后，充填体对顶板及上覆岩层整体向下垂直位移起到抑制作用。当充填工作面 1/5 时，最大垂直位移值为 102.5 mm，上覆岩层向下垂直位移影响高度达到 73 m；当充填工作面 1/3 时，最大垂直位移值为 85.83 mm，上覆岩层向下垂直位移影响高度达到 57 m；当充填工作面 1/2 时，最大垂直位移值为 62.74 mm，上覆岩层向下垂直位移影响高度达到 36 m；当充填工作面 2/3 时，最大垂直位移值为 38.42 mm，上覆岩层向下垂直位移影响高度达到 17.5 m。

　　由图 4 - 31、图 4 - 32 可以看出，矸石局部充填能够有效地控制顶板及上覆岩层的运移。由于顶板及上覆岩层受到工作面两端煤柱的支撑作用，工作面上下端口附近顶板位移变化相对较小。

　　2）沿煤层倾斜方向覆岩垂直应力变化特征

　　由图 4 - 33 可以看出，工作面围岩原岩应力平衡因受到采动影响被打破，应力重新分布，在工作面顶底板形成应力释放区域，在工作面上下端头形成应力集中区，受到煤层倾角影响，上部顶板岩层应力释放区大于下部，下部底板岩层应力释放区大于上部，充填工作面底板岩层应力释放区出现在充填区域的下部。当矸石充填比不同时，工作面应力分布特征相同，但随着充填比的增大，应力集中区域的最大应力值减小，不充填时，应力集中区域的最大应力值为 28.66 MPa；充填 1/5 时，应力集中区域的最大应力值为 22.38 MPa；充填 1/3 时，应力集中

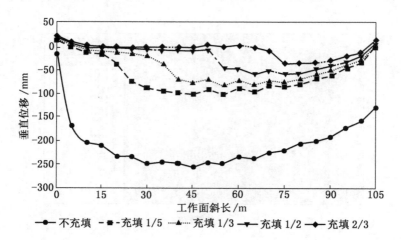

图 4 - 31　工作面倾斜方向垂直位移

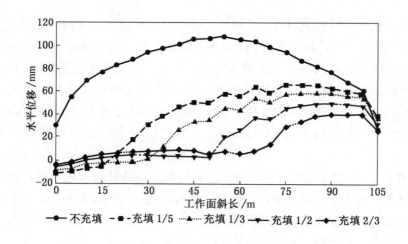

图 4 - 32　工作面倾斜方向水平位移

区域的最大应力值为 22.1 MPa；充填 1/2 时，应力集中区域的最大应力值为
21.85 MPa；充填 2/3 时，应力集中区域的最大应力值为 21.67 MPa。

　　由图 4 - 34 可以看出，在不充填的条件下，工作面下端口顶板垂直应力大于
工作面上端口顶板，充填后，工作面下端口顶板垂直应力明显增大，且矸石充填
比越小，顶板垂直应力越大。

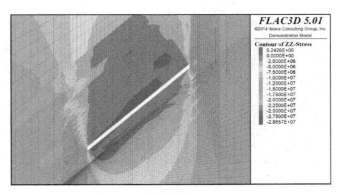

(a) 不充填

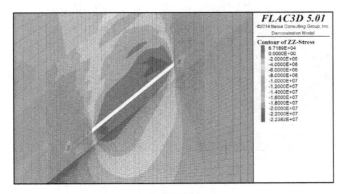

(b) 充填1/5

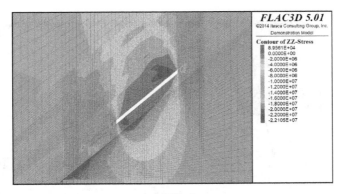

(c) 充填1/3

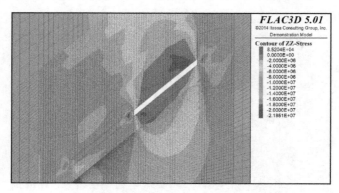

(d) 充填1/2

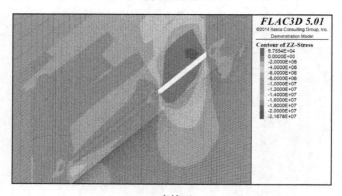

(e) 充填2/3

图 4 - 33　不同充填比条件下覆岩垂直应力变化

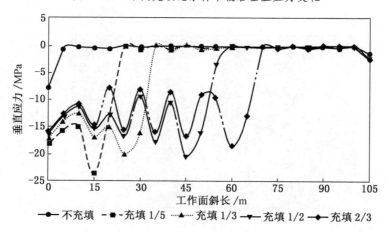

图 4 - 34　工作面倾斜方向垂直应力

3）沿煤层倾斜方向覆岩塑性区变化特征

由图 4 - 35 可以看出，不充填与充填矸石顶底板塑性区分布特征明显不同。

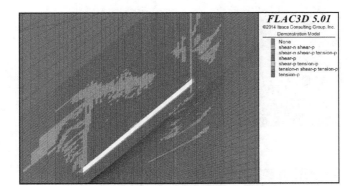

(a) 不充填

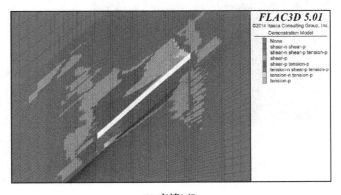

(b) 充填1/5

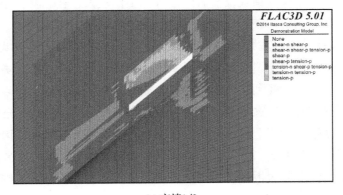

(c) 充填1/3

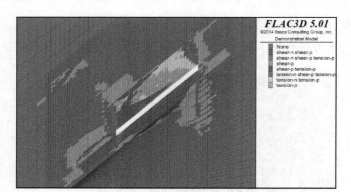

(d) 充填1/2

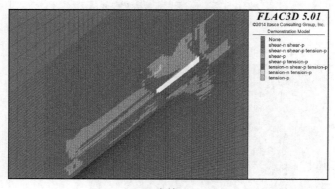

(e) 充填2/3

图4-35　不同充填比条件下倾向塑性区变化

在不充填条件下，工作面顶板及覆岩塑性区范围比较大，在底板很小的范围既受到拉伸破坏，又受到剪切破坏，大部分顶底板岩层以剪切破坏为主，且工作面顶板岩层下部区域塑性区范围大于上部区域，工作面底板岩层上部区域塑性区范围大于下部区域。在局部充填矸石条件下，矸石充填区域顶板岩层受剪切破坏，未充填区域上部顶板岩层受到拉伸破坏，在未充填区域下部顶板岩层以及工作面底板岩层既受到拉伸破坏，又受剪切破坏。在充填1/5、1/3时，未充填区域下部顶板岩层塑性区范围大于上部区域，工作面底板岩层上部区域塑性区范围大于下部区域。当充填比为1/2、2/3时，未充填区域顶板上下区域塑性区发育范围相同，但未充填区域上部底板塑性区仍大于下部底板，总体塑性区范围随着矸石充填比增大而减小。

4）沿煤层走向方向覆岩位移变化特征

由图 4 – 36、图 4 – 37 可以看出，模型在开采过程中受到采动影响较为明显，在未充填条件下，顶板岩层向下的垂直位移范围较大，当工作面推进至 160 m，

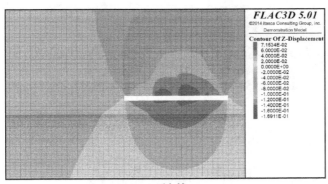

(a) 不充填

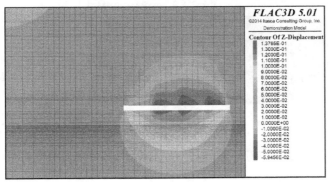

(b) 充填1/5

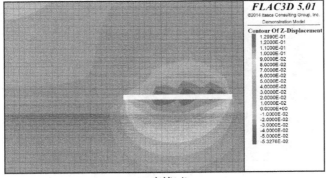

(c) 充填1/3

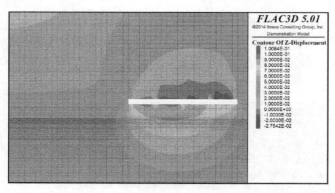

(d) 充填1/2

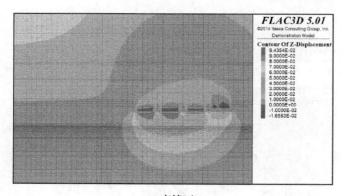

(e) 充填2/3

图4-36 不同充填比条件下走向推进80 m时垂直位移变化

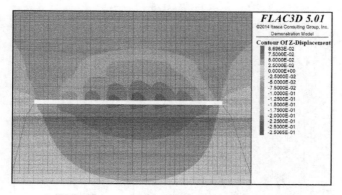

(a) 不充填

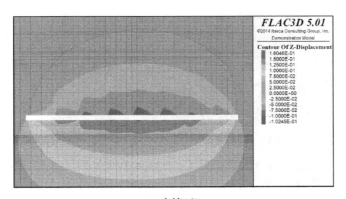

(b) 充填1/5

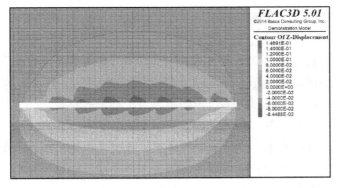

(c) 充填1/3

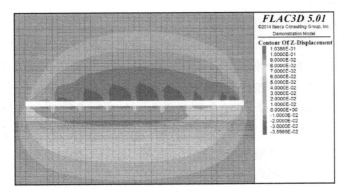

(d) 充填1/2

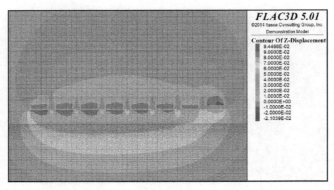

(e) 充填2/3

图4-37　不同充填比条件下走向推进160 m时垂直位移变化

顶板岩层最大垂直位移为250.65 mm，且以工作面走向中部对称的形式分布，工作面走向方向中部区域垂直位移最大。在充填条件下，且充填比例不大于1/2，工作面走向方向的垂直位移也是以走向中部对称的形式存在。当充填2/3时，顶板岩层最大垂直位移在开切眼的附近。

　　由图4-38可以看出，在未充填条件下，最大变形量出现在顶板岩层中，整个变形范围以工作面走向长度呈现扇形逐渐向上递减，工作面走向方向两端煤柱无变形。而在充填条件下，最大变形量出现在底板岩层中，且随着充填比例的增大，顶底板岩层变形量逐渐减小。

　　5）沿煤层走向方向覆岩垂直应力变化特征

　　由图4-39、图4-40可以看出，在整个推进过程中，开切眼后方煤柱及工作面前方煤壁都形成了小范围的应力集中区域，在工作面未充填顶底板岩层中形成应力释放区。当工作面推进至80 m，不充填条件下时，应力集中区集中应力为19.38 MPa；充填1/5时，应力集中区集中应力为18.38 MPa；充填1/3时，应力集中区集中应力为18.1 MPa；充填1/2时，应力集中区集中应力为16.3 MPa；充填2/3时，应力集中区集中应力为15.98 MPa。当工作面推进至160 m，不充填条件下时，应力集中区集中应力为21.66 MPa；充填1/5时，应力集中区集中应力为19.79 MPa；充填1/3时，应力集中区集中应力为19.21 MPa；充填1/2时，应力集中区集中应力为17.20 MPa；充填2/3时，应力集中区集中应力为

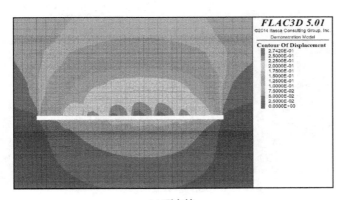

(a) 不充填

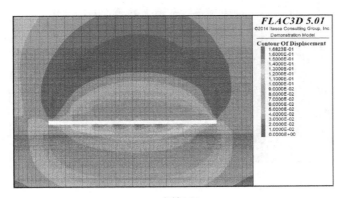

(b) 充填1/5

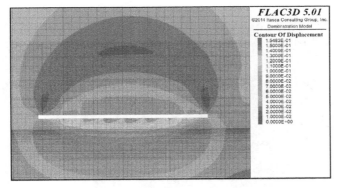

(c) 充填1/3

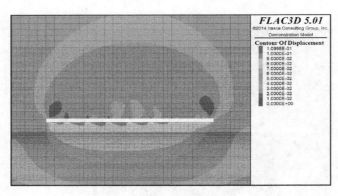

(d) 充填1/2

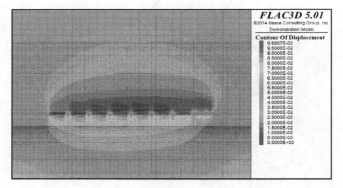

(e) 充填2/3

图 4-38   不同充填比条件下走向变形特征分布

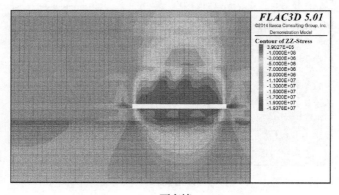

(a) 不充填

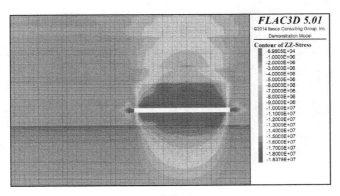

(b) 充填1/5

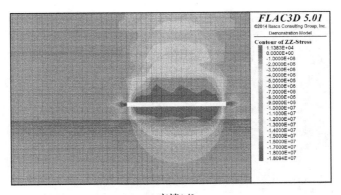

(c) 充填1/3

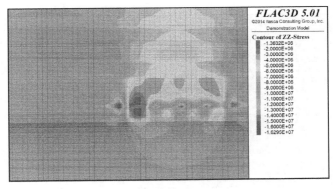

(d) 充填1/2

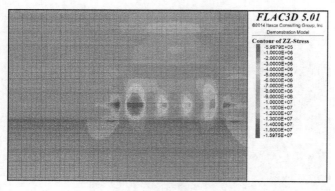

(e) 充填2/3

图 4-39　不同充填比条件下走向推进 80 m 时垂直应力变化云图

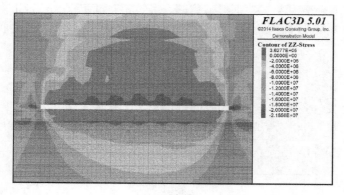

(a) 不充填

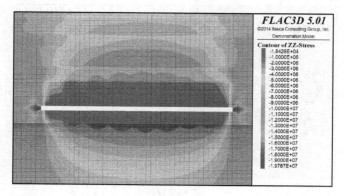

(b) 充填1/5

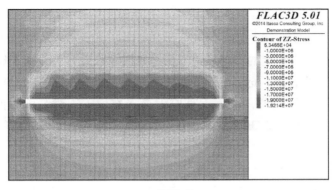

(c) 充填1/3

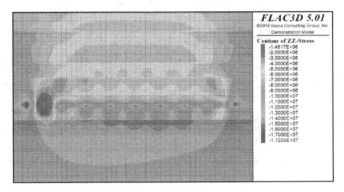

(d) 充填1/2

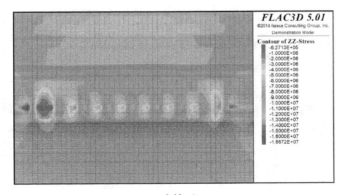

(e) 充填2/3

图 4-40　不同充填比条件下走向推进 160 m 时垂直应力变化云图

16. 67 MPa。

由图 4 −41 ~ 图 4 −43 可以看出，矸石局部充填能有效地减小工作面开切眼处煤柱及工作面前方煤壁的支撑压力。由图 4 −43 可以看出，在工作面下部区域直接顶垂直应力随着矸石充填比例的增大而减小，且在走向方向 140 m 处的位置出现较为强烈的来压现象，最大垂直应力是在充填 1/5 时，压力值为 15 MPa，最小垂直应力是在充填 2/3 时，压力值为 7 MPa。这说明充填开采能够有效地减缓直接顶来压现象。

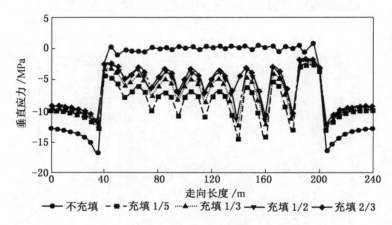

图 4 −41　工作面下部测线直接顶垂直应力

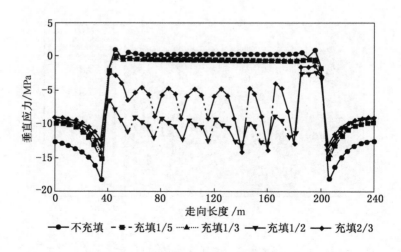

图 4 −42　工作面中部测线直接顶垂直应力

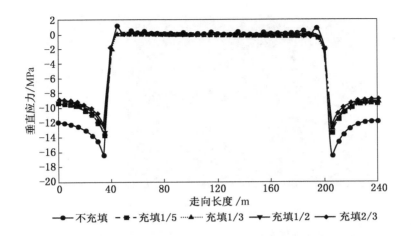

图4-43 工作面中部测线直接顶垂直应力

6）沿煤层走向方向覆岩塑性区变化特征

由图4-44可以看出，在不充填条件下，顶板岩层的破坏场范围大于底板岩层，整个破坏形式以剪切破坏为主。顶板岩层塑性区高度为49.46 m，底板岩层塑性区高度为17.08 m。在充填条件下，工作面开切眼处及前方煤壁主要受到剪切破坏，工作面顶底板岩层既受拉伸破坏又受剪切破坏，且充填1/5时，顶板岩层塑性区高度为23 m，底板岩层塑性区高度为13 m，充填1/3时，顶板岩层塑性区高度为20.82 m，底板岩层塑性区高度为9.88 m；充填1/2时，顶板岩层塑性区高度为20.96 m，底板岩层塑性区高度为6.21 m；充填2/3时，顶板岩层塑

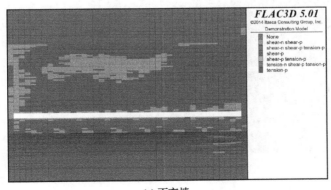

(a) 不充填

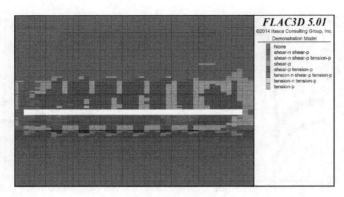

(b) 充填1/5

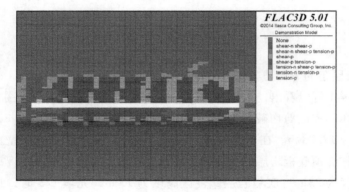

(c) 充填1/3

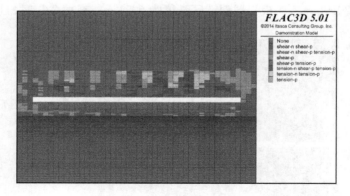

(d) 充填1/2

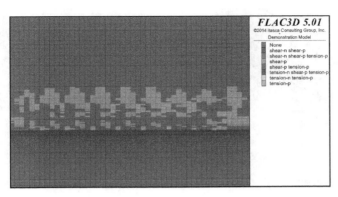

(e) 充填2/3

图4-44　不同充填比条件下走向塑性区变化

性区高度为20.92 m，底板岩层塑性区高度为6.05 m。这说明充填开采相较于不充填能够有效地减少顶底板塑性区发育高度，但是随着充填比例的增大，破坏场减小的范围反而很小。

三、不同煤层倾角条件下顶板及覆岩运移规律

本次模拟不同煤层倾角的工况下，是以采高为3.2 m、工作面长度为105 m、矸石沿下端头充填工作面长度的1/3为基准，在煤层倾角为35°、40°、45°工况下分析直接顶、基本顶及上覆岩层的位移、应力和塑性区特征，如图4-45所示。

1. 直接顶

1）直接顶走向垂直位移特征

由图4-46、图4-47可以看出，工作面随走向方向推进，直接顶垂直位移不断增大，且垂直位移随着倾角的增大不断减小。在推进至20 m时，工作面直接顶下部区域的垂直位移大于工作面上部直接顶的垂直位移，工作面下部直接顶的垂直位移最大发生在煤层倾角35°处，数值为41 mm。工作面沿走向方向不断推进，直接顶垂直位移不断增加，当推进至160 m时，煤层倾角为35°时，直接顶最大垂直位移98 mm；煤层倾角为40°时，直接顶最大垂直位移76 mm；煤层倾角为45°时，直接顶最大垂直位移56 mm。由图4-46、图4-47可以看出，

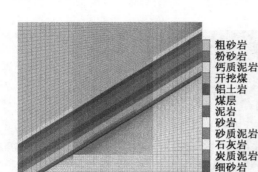

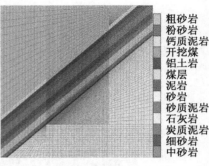

(a) 煤层倾角为35°　　　　　　　　　　(b) 煤层倾角为40°

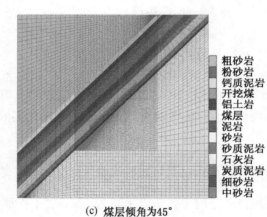

(c) 煤层倾角为45°

图 4 - 45　不同倾角条件下模型正面图

充填体很好地抑制了直接顶的位移，直接顶最大位移向工作面上部发生偏移。

由图 4 - 48 可以看出，工作面中部测线直接顶垂直位移最大，上部测线直接顶垂直位移次之，下部矸石充填区域直接顶垂直位移最小。

2）直接顶走向垂直应力特征

由图 4 - 49、图 4 - 50 可以看出，在开采初期，随着煤层倾角的增大逐渐在上下端头出现应力集中现象，且应力集中的最大值随着煤层倾角的减小而减小。受采动影响，直接顶应力重新分布，悬露直接顶出现应力释放区，随着工作面不断向前推进，矸石充填区域对上覆岩层起到一定的支撑作用。受到煤层倾角影响，在直接顶上端头、下端头以及充填矸石上端头的直接顶皆出现了应力集中

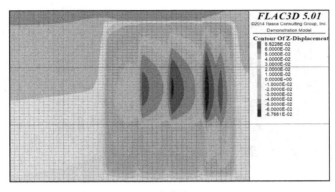

(a) 煤层倾角为35°

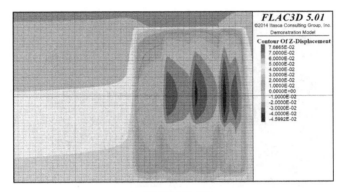

(b) 煤层倾角为40°

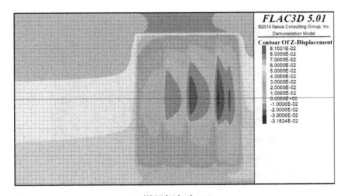

(c) 煤层倾角为45°

图4-46 不同煤层倾角条件下推进80 m时直接顶垂直位移变化

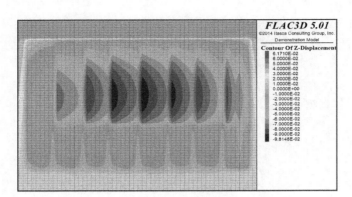

(a) 煤层倾角为35°

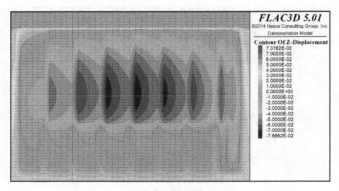

(b) 煤层倾角为40°

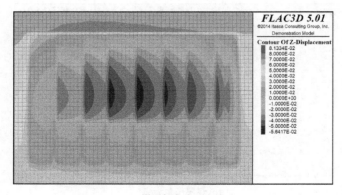

(c) 煤层倾角为45°

图 4 –47 不同煤层倾角条件下推进 160 m 时直接顶垂直位移变化

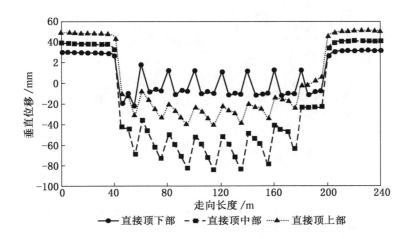

图 4 - 48　煤层倾角为 40°条件下直接顶走向位置上垂直位移分布

区，下端头的应力集中区集中应力明显大于工作面上端头的集中应力。不同煤层倾角时，直接顶应力分布特征相同，当推进到 160 m，煤层倾角为 35°时，直接顶最大集中应力为 19.56 MPa；煤层倾角为 40°时，直接顶最大集中应力为 18.13 MPa；煤层倾角为 45°时，直接顶最大集中应力为 16.61 MPa。

由图 4 - 51 可以看出，工作面中，上部测线直接顶垂直应力基本上趋于 0，工作面下部测线受矸石充填支撑作用影响，垂直应力较大，且在走向位置 145 m 处，垂直应力最大为 12.4 MPa。

3）直接顶走向塑性区

由图 4 - 52 可以看出，矸石局部充填对直接顶破坏场范围起到了一定的抑制作用，煤层倾角越大，直接顶破坏范围越小，受采动影响区域以拉伸破坏为主。在矸石充填区域直接顶与未充填区域的直接顶相交位置，顶板岩层既受到拉伸破坏又受剪切破坏。

2. 基本顶

1）基本顶走向垂直位移特征

由图 4 - 53、图 4 - 54 可以看出，矸石局部充填很大程度上抑制了顶板的位移，在基本顶下部 1/3 矸石充填区域，垂直位移变化明显减小。基本顶最大位移发生在工作面中上部，煤层倾角为 35°时，基本顶垂直位移为 67 mm；煤层倾角

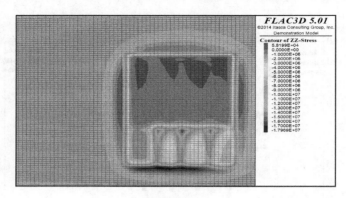

(a) 煤层倾角为35°

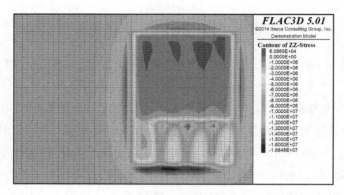

(b) 煤层倾角为40°

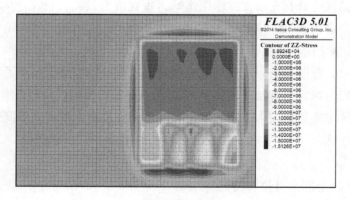

(c) 煤层倾角为45°

图4-49　不同煤层倾角条件下推进80 m时直接顶垂直应力变化

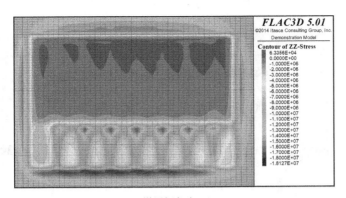

(a) 煤层倾角为35°

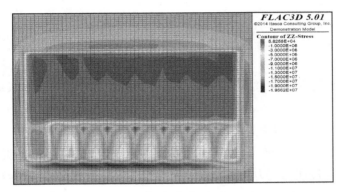

(b) 煤层倾角为40°

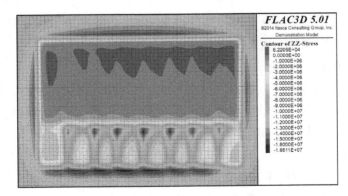

(c) 煤层倾角为45°

图4-50 不同煤层倾角条件下推进160 m时直接顶垂直应力变化

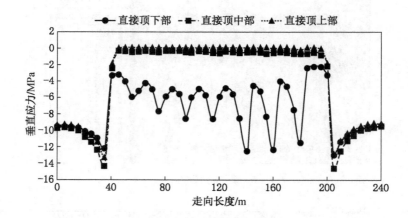

图 4 - 51   煤层倾角为 40°条件下直接顶走向位置上垂直应力分布

为 40°时，基本顶垂直位移为 49 mm；煤层倾角为 45°时，基本顶垂直位移为 33 mm。

2）基本顶走向垂直应力特征

由图 4 - 55、图 4 - 56 可以看出，基本顶应力集中区集中应力明显减小。由直接顶向基本顶传递的应力明显减小，应力集中区域分布在采场的四周，且煤层倾角为 35°，推进至 160 m 时，集中应力为 14.67 MPa，应力释放区最大应力值为 0.088 MPa；煤层倾角为 40°，推进至 160 m 时，集中应力为 14.06 MPa，应力释放区最大应力值为 0.088 MPa；煤层倾角为 45°，推进至 160 m 时，集中应力为 12.64 MPa，应力释放区最大应力值为 0.08 MPa。

3）基本顶走向塑性区

由图 4 - 57 可以看出，基本顶塑性区较直接顶塑性区明显减小，采场四周主要发生剪切破坏，充填区域基本顶塑性区发生剪切破坏，不同煤层倾角条件下基本顶塑性区分布特征基本相同。

3. 上覆岩层

1）沿煤层倾斜方向覆岩垂直位移变化特征

由图 4 - 58 可以看出，工作面直接顶层面位移最大，且受到煤层倾角影响，位移轮廓向工作面上部区域偏移，下部矸石充填区域虽然也产生了向下的位移，但是垂直位移较小。不同倾角条件下工作面采场位移特征相似，但随着煤层倾角

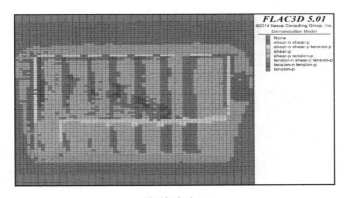

(a) 煤层倾角为35°

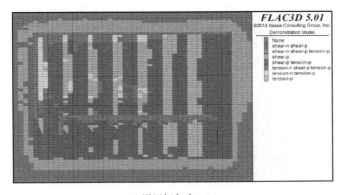

(b) 煤层倾角为40°

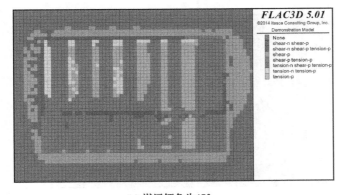

(c) 煤层倾角为45°

图 4-52　不同煤层倾角条件下直接顶破坏场

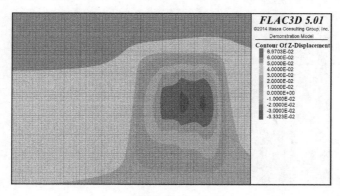

(a) 煤层倾角为35°

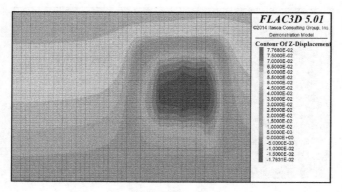

(b) 煤层倾角为40°

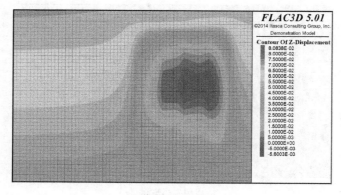

(c) 煤层倾角为45°

图4-53　不同煤层倾角条件下推进80 m时基本顶垂直位移变化

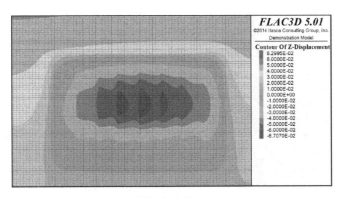

(a) 煤层倾角为35°

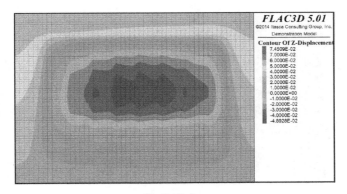

(b) 煤层倾角为40°

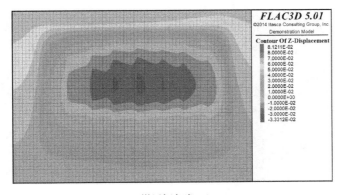

(c) 煤层倾角为45°

图4-54　不同煤层倾角条件下推进160 m时基本顶垂直位移变化

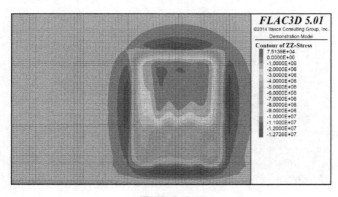

(a) 煤层倾角为35°

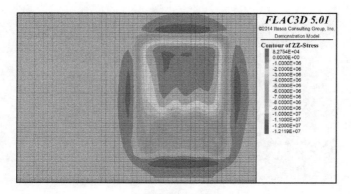

(b) 煤层倾角为40°

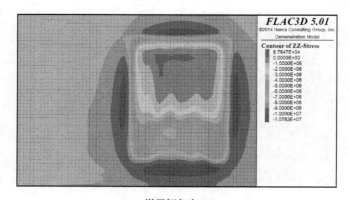

(c) 煤层倾角为45°

图4-55　不同煤层倾角条件下推进80 m时基本顶垂直应力变化

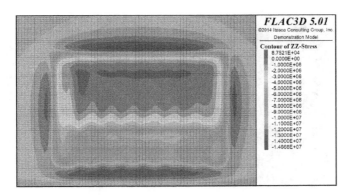

(a) 煤层倾角为35°

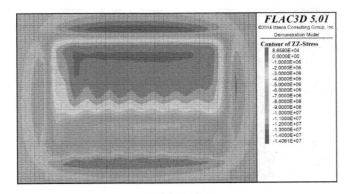

(b) 煤层倾角为40°

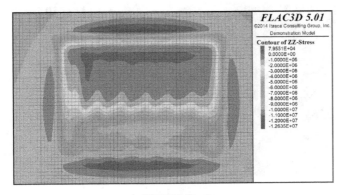

(c) 煤层倾角为45°

图4-56　不同煤层倾角条件下推进160 m时基本顶垂直应力变化

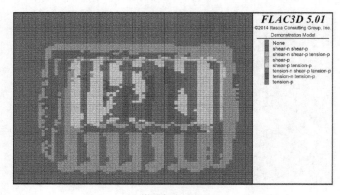

(a) 煤层倾角为35°

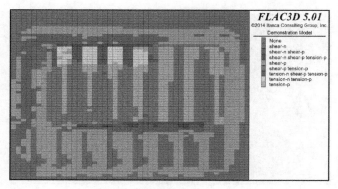

(b) 煤层倾角为40°

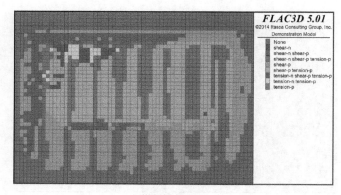

(c) 煤层倾角为45°

图 4 -57　不同煤层倾角条件下基本顶破坏场

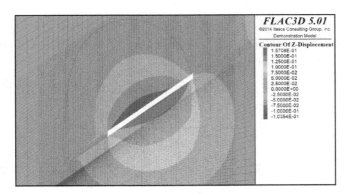

(a) 煤层倾角为35°

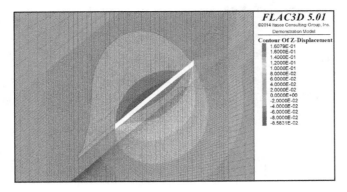

(b) 煤层倾角为40°

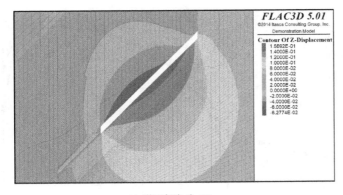

(c) 煤层倾角为45°

图4-58　不同煤层倾角条件下倾向垂直位移变化

的增大，工作面顶板岩层的位移不断减小，底板岩层位移大小相同，煤层倾角为35°时，顶板最大位移104 mm；煤层倾角为40°时，顶板最大位移86 mm；煤层倾角为45°时，顶板最大位移63 mm。

由图4–59、图4–60可以看出，煤层倾角为35°、40°时，在下部矸石充填

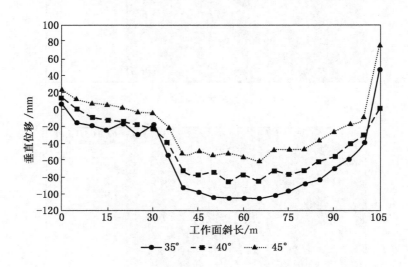

图4–59　工作面倾斜方向垂直位移

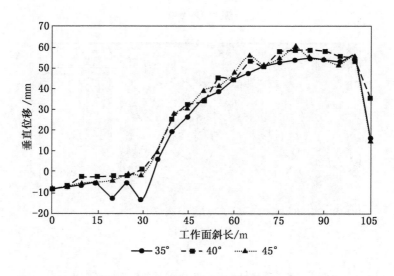

图4–60　工作面倾斜方向水平位移

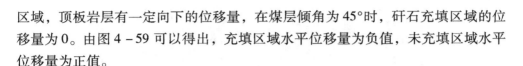

区域，顶板岩层有一定向下的位移量，在煤层倾角为45°时，矸石充填区域的位移量为0。由图4－59可以得出，充填区域水平位移量为负值，未充填区域水平位移量为正值。

2）沿煤层倾斜方向覆岩垂直应力变化特征

由图4－61、图4－62可以看出，受采动影响，工作面围岩原岩应力平衡被破坏，应力重新分布，在工作面顶底板岩层中形成应力释放区，在工作面上下端头煤岩层中形成应力集中区域，在下部矸石充填区域靠近采空区一侧的矸石充填体中也形成了应力集中区域，且随着煤层倾角的增大，应力集中影响区域也随之增大。在未充填顶板岩层中形成应力释放区域，在充填区域受到矸石支撑作用，没有形成应力释放区。受煤层倾角影响，未充填采场顶板岩层中上部应力释放区域大于下部区域，底板岩层中下部应力释放区域大于上部。不同煤层倾角条件下工作面应力分布特征相同，但随着倾角的增大，应力集中区域和应力释放区域的应力值减小，煤层倾角为35°时，应力释放区域最大应力值为0.92 MPa，应力集中区域最大应力值为25 MPa；煤层倾角为40°时，应力释放区域最大应力值为0.9 MPa，应力集中区域最大应力值为22 MPa；煤层倾角为45°时，应力释放区域最大应力值为0.77 MPa，应力集中区域最大应力值为21 MPa。

3）沿煤层倾斜方向覆岩塑性区变化特征

由图4－63可以看出，不同煤层倾角破坏场破坏特征基本相同，充填区域较未充填区域破坏场明显较小。在未充填区域顶板岩层中下部破坏场发育范围比上部大，在未充填区域岩层底板中上部破坏场发育范围明显比下部大，且在工作面上下端头主要以剪切破坏为主，在工作面未充填区域的顶底板主要以拉伸破坏为主。

4）沿煤层走向方向覆岩位移变化特征

由图4－64、图4－65可以看出，不同煤层倾角条件下最大垂直位移发生在直接顶，且走向位移特征相同，呈拱形分布，采场中部顶板垂直位移最大，采场垂直位移沿走向方向中部呈对称分布，煤层倾角为35°，推进至160 m时，最大垂直位移104 mm；煤层倾角为40°，推进至160 m时，最大垂直位移84 mm；煤层倾角为35°，推进至160 m时，最大垂直位移62 mm。

由图4－66可以看出，在煤壁后方20 m处，受到煤壁支撑作用，采空区顶板垂直位移相对减小，随着工作面不断推进，采空区顶板悬露面积不断增大，煤壁对直接顶的支撑作用不断减小。

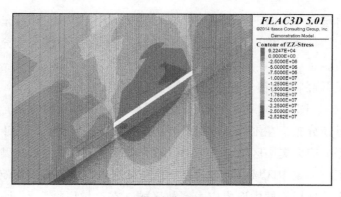

(a) 煤层倾角为35°

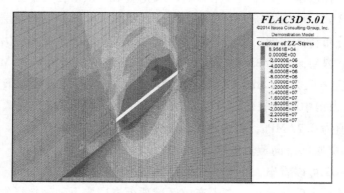

(b) 煤层倾角为40°

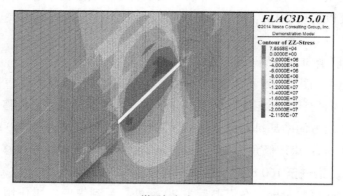

(c) 煤层倾角为45°

图 4-61 不同煤层倾角条件下倾向垂直应力云图

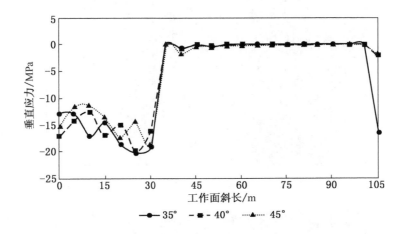

图 4-62　工作面直接顶倾斜方向垂直应力

　　由图 4-67 可以看出，底板位移最大，整个顶板岩层位移发育形态呈现拱形，在采场走向方向两端及覆岩形成了一条扇形层面位移为 0 的区域。其中煤层倾角为 35°时最为明显，随着煤层倾角的增大，层面位移特征相对减少；煤层倾角为 45°时，层面位移为 0 的区域只出现在开切眼附近的顶板岩层中。

　　5）沿煤层走向方向覆岩垂直应力变化特征

　　由图 4-68、图 4-69 可以看出，沿工作面走向顶底板出现拱形应力释放区，在工作面煤壁前方和开切眼后方形成小范围的应力集中区域。不同煤层倾角条件下，走向垂直应力分布特征相同。随着煤层倾角的增大，应力释放区域应力值也随之增大，其中，煤层倾角为 35°，推进 160 m 时，应力释放区最大应力值为 0.048 MPa，应力集中区最大应力值 18.64 MPa；煤层倾角为 40°，推进 160 m时，应力释放最大应力值为 0.053 MPa，应力集中区最大应力值 19.21 MPa；煤层倾角为 45°，推进 160 m 时，应力释放区最大应力值为 0.071 MPa，应力集中区最大应力值为 16.83 MPa。

　　由图 4-70 可以看出，工作面沿走向方向不断推进，工作面煤壁前方集中应力增大，当推进 160 m 时，采场采空区顶板垂直应力值为 0。

　　由图 4-71～图 4-73 可以看出，下部矸石充填区域受煤层倾角和采动影响比较明显，煤层倾角越大，矸石区域对顶板的支撑作用越大，煤层倾角为 45°

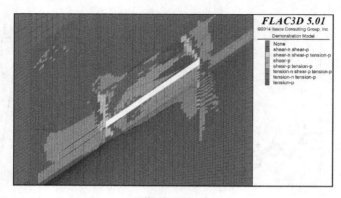

(a) 煤层倾角为35°

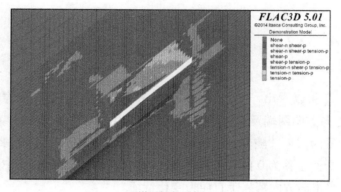

(b) 煤层倾角为40°

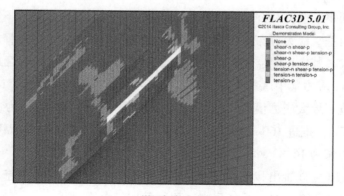

(c) 煤层倾角为45°

图4-63　不同煤层倾角条件下倾向塑性区变化云图

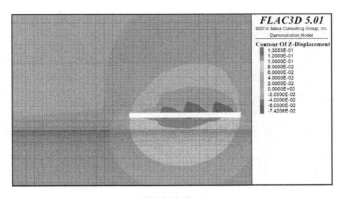

(a) 煤层倾角为35°

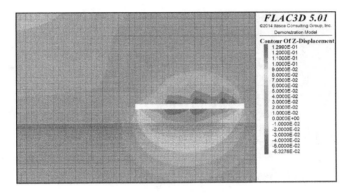

(b) 煤层倾角为40°

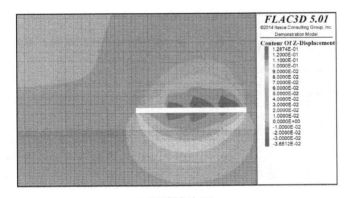

(c) 煤层倾角为45°

图 4－64　不同煤层倾角条件下走向推进 80 m 时垂直位移变化

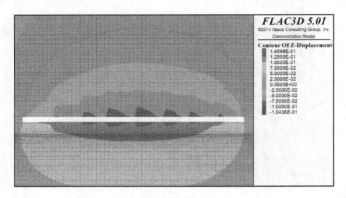

(a) 煤层倾角为35°

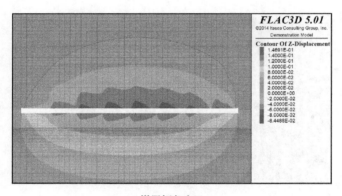

(b) 煤层倾角为40°

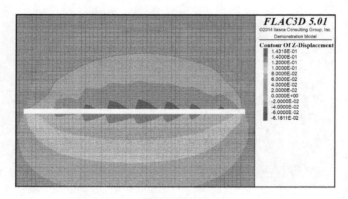

(c) 煤层倾角为45°

图 4－65　不同煤层倾角条件下走向推进 160 m 时垂直位移变化

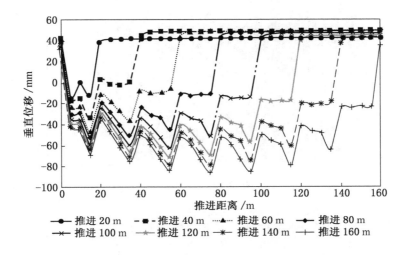

图 4 - 66 煤层倾角为 40°时推进垂直位移测线

时，矸石充填区域的顶板发生垂直向上的微小位移。在中部测线、上部测线中，煤层倾角越小，垂直位移越大，且皆出现在走向方向 95 m 处。

6）沿煤层走向方向塑性区变化特征

由图 4 - 74 可以看出，在开切眼及煤壁前方附近顶底板主要是以剪切破坏为主，在工作面顶底板既受到拉伸破坏，又受到剪切破坏，采动影响区域的顶板以拉伸破坏为主，且顶板的塑性区范围大于底板的塑性区范围。其中顶板塑性区发育厚度为 21.2 m，底板发育厚度为 14.1 m。不同煤层倾角条件下，破坏场分布基本一致。

四、不同工作面长度条件下顶板及覆岩运移规律

本次模拟不同工作面长度条件下，以煤层倾角为 40°、工作面采高为 3.2 m、矸石沿下端头充填工作面长度的 1/3 为基准，在工作面长度为 75 m、105 m、135 m 工况下分析直接顶、基本顶及上覆岩层的位移、应力和塑性区特征，如图 4 - 75 所示。

1. 直接顶

1）直接顶走向垂直位移特征

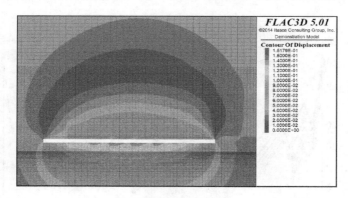

(a) 煤层倾角为35°

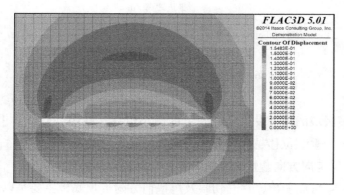

(b) 煤层倾角为40°

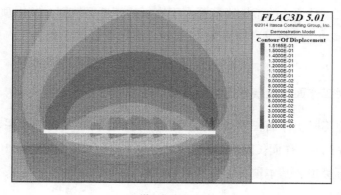

(c) 煤层倾角为45°

图4-67　不同煤层倾角条件下垂直顶板岩层层面位移分布

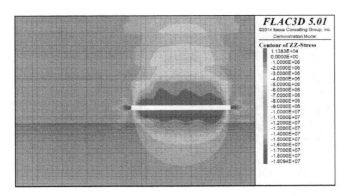

(a) 煤层倾角为35°

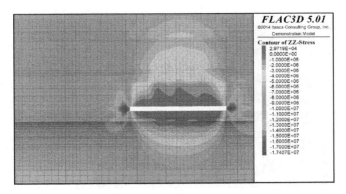

(b) 煤层倾角为40°

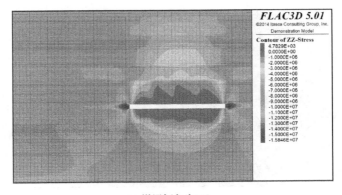

(c) 煤层倾角为45°

图 4-68　不同煤层倾角条件下工作面推进 80 m 时走向垂直应力分布

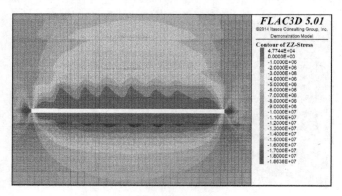

(a) 煤层倾角为35°

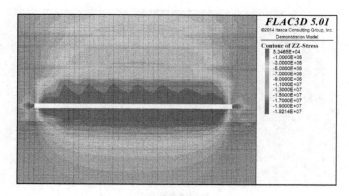

(b) 煤层倾角为40°

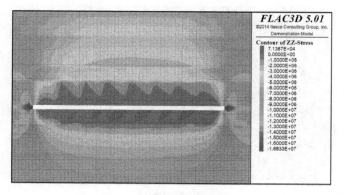

(c) 煤层倾角为45°

图 4-69 不同煤层倾角条件下工作面推进 160 m 时走向垂直应力分布

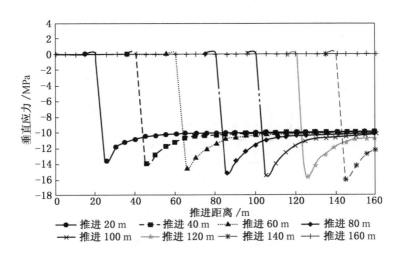

图 4-70　煤层倾角为 40°推进垂直应力测线

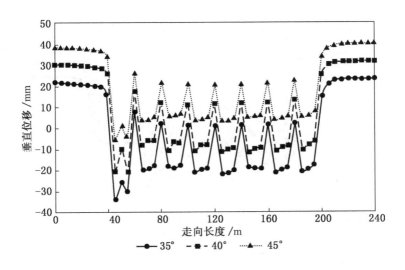

图 4-71　工作面下部测线直接顶垂直位移

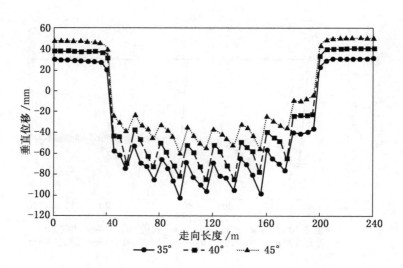

图 4 - 72 工作面中部测线直接顶垂直位移

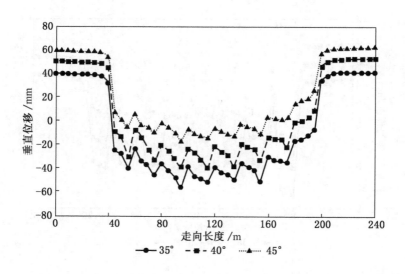

图 4 - 73 工作面上部测线直接顶垂直位移

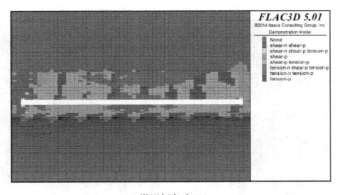

(a) 煤层倾角为35°

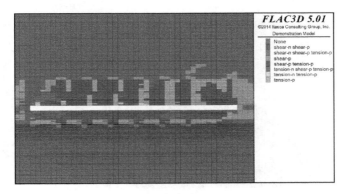

(b) 煤层倾角为40°

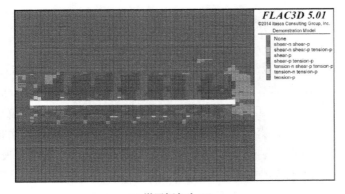

(c) 煤层倾角为45°

图4-74 不同煤层倾角条件下走向塑性区变化

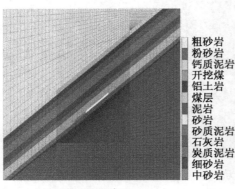

（a）工作面长度为75 m

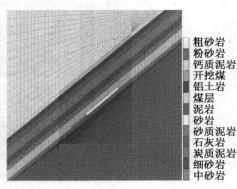

（b）工作面长度为105 m

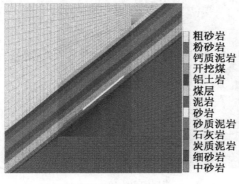

（c）工作面长度为135 m

图4-75　不同工作面长度条件下模型正面图

由图4-76、图4-77可以看出，工作面长度越长，直接顶垂直位移越大，垂直位移影响区域也越大，当工作面推进80 m，工作面长度为75 m时，直接顶最大垂直位移为33.64 mm；工作面长度为105 m时，直接顶最大垂直位移为46 mm；工作面长度为135 m时，直接顶最大垂直位移55.39 mm。当工作面推进160 m，工作面长度为75 m时，直接顶最大垂直位移为46.89 mm；工作面长度为105 m时，直接顶最大垂直位移为76.66 mm；工作面长度为135 m时，直接顶最大垂直位移为104.06 mm。由此可以看出，工作面长度越短，推进过程中，垂直位移变化也比较小。

由图4-78、图4-79可以看出，工作面长度越短，在工作面下部充填区域

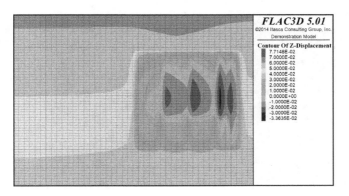

(a) 工作面长度为75 m

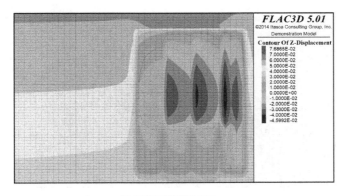

(b) 工作面长度为105 m

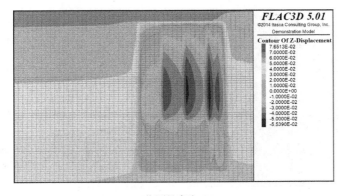

(c) 工作面长度为135 m

图 4-76　不同工作面长度条件下推进 80 m 时直接顶垂直位移变化云图

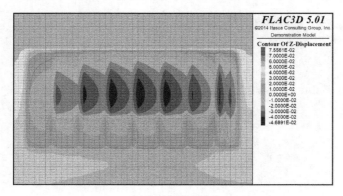

(a) 工作面长度为75 m

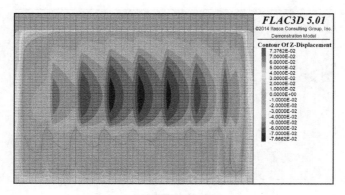

(b) 工作面长度为105 m

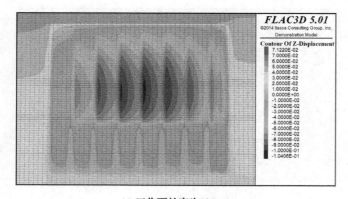

(c) 工作面长度为135 m

图 4 - 77　不同工作面长度条件下推进 160 m 时直接顶垂直位移变化云图

直接顶的位移越小，但是采动影响越明显。由于工作面下部1/3区域顶板岩层受到矸石充填体的支撑作用，在工作面直接顶，中部垂直位移最大，上部垂直位移次之，下部垂直位移最小。在工作面走向方向上，前后两端煤柱位移上部最大，中部次之，下部最小，且随着工作面长度增长，位移变化率随之增大。

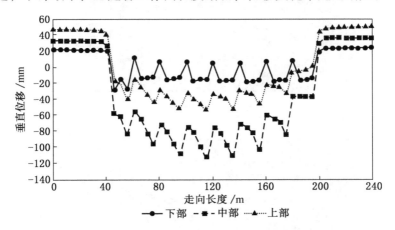

图4-78　工作面长度为75 m条件下直接顶不同位置垂直位移分布

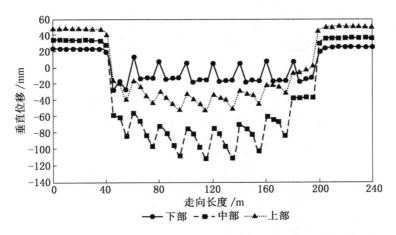

图4-79　工作面长度为135 m条件下直接顶不同位置垂直位移分布

2）直接顶走向垂直应力特征

由图4-80、图4-81可以看出，随着工作面长度增长，应力集中区域影响范围也随之增大，但是集中应力值变化不大。在推进过程中，受到煤层倾角影

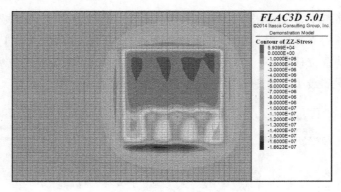

(a) 工作面长度为75 m

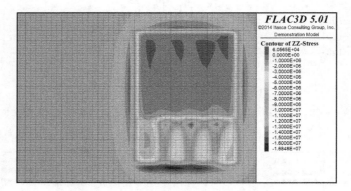

(b) 工作面长度为105 m

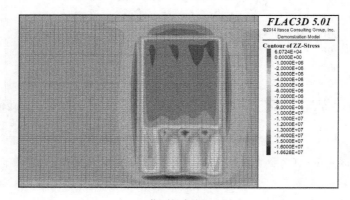

(c) 工作面长度为135 m

图4-80 不同工作面长度条件下推进80 m时直接顶垂直应力变化云图

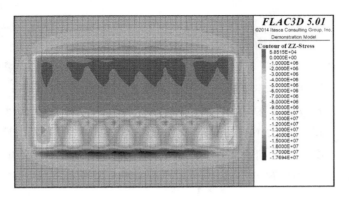

(a) 工作面长度为75 m

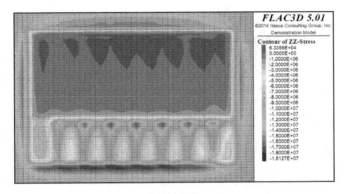

(b) 工作面长度为105 m

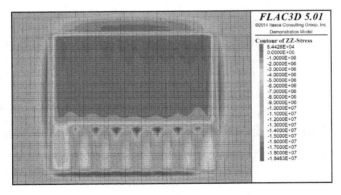

(c) 工作面长度为135 m

图4-81　不同工作面长度条件下推进160 m时直接顶垂直应力变化云图

响，工作面顶板下端口应力集中区域应力值较上端口大。工作面长度越长，煤壁前方及开切眼后方煤柱应力集中范围越明显。

由图4-82、图4-83可以看出，在工作面走向方向上部未充填区域，直接顶应力值为0，应力释放比较充分，工作面长度为75 m时的下部矸石充填区域垂直应力大于工作面长度为135 m时，且在工作面走向方向140 m处出现明显的压力增大现象，最大值为16.4 MPa，共出现三次压力增大现象，逐次递减，而工作面长度为135 m的走向方向在160 m处出现压力增大现象，共出现两次，最大值为15.6 MPa。由此说明，在充填1/3条件下，工作面长度越长，应力释放越充分。

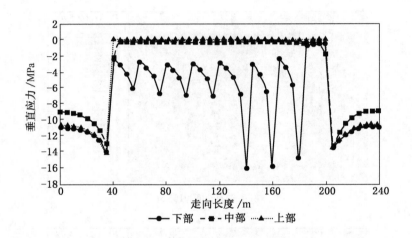

图4-82　工作面长度为75 m条件下直接顶不同位置垂直应力分布

3）直接顶走向塑性区

由图4-84可以看出，在工作面回采过程中，直接顶破坏场形态基本相同，在采场四周煤壁及煤柱皆受到剪切破坏，且工作面上端口煤柱破坏场范围大于下端口破坏场范围，工作面长度增长，只会增大破坏场范围。

2. 基本顶

1）基本顶走向垂直位移特征

由图4-85、图4-86可以看出，基本顶垂直位移较直接顶垂直位移明显减小，仅在未充填区域出现直接顶下沉现象，且下沉位移量以未充填区域走向方向

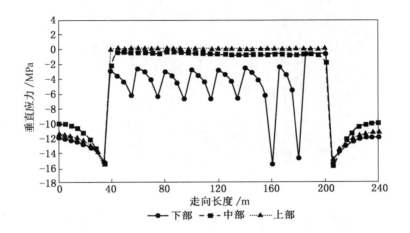

图 4 - 83　工作面长度为 135 m 条件下直接顶不同位置垂直应力分布

中部位置向四周呈阶梯状逐渐减小。在采场之外的区域，向上的位移量由工作面下部向工作面上部逐渐增大，且工作面长度越长，位移量越小。当推进 160 m，工作面长度为 75 m 时，基本顶最大下沉位移量为 21.22 mm，最大向上位移量为 76.34 mm；工作面长度为 105 m 时，基本顶最大下沉位移量为 48.93 mm，最大向上位移量为 74.51 mm；工作面长度为 135 m 时，基本顶最大下沉位移量为 74.91 mm，最大向上位移量为 71.93 mm。这说明在充填 1/3 条件下，工作面长度增长对采场基本顶下沉位移影响比较明显，对其采场之外的区域影响不太大。

2）基本顶走向垂直应力特征

由图 4 - 87、图 4 - 88 可以看出，与直接顶相比，基本顶集中应力值减小，且没有在矸石充填区域的上部顶板处出现明显的应力集中现象，当工作面长度为 75 m 时，在矸石充填区域下部基本顶出现 8 ~ 9 MPa 的垂直应力；当工作面长度分别为 105 m、135 m 时，在充填区域的上部分别出现 10 ~ 11 MPa、11 ~ 12 MPa 的垂直应力，由此说明，工作面不同长度可以改变矸石充填区域最大支撑应力的位置。

3）基本顶走向塑性区

由图 4 - 89 可以看出，工作面长度越短，充填区域基本顶塑性区范围越小，受采动影响区域，基本顶以拉伸破坏为主，且随着工作面长度的增长，采动影响

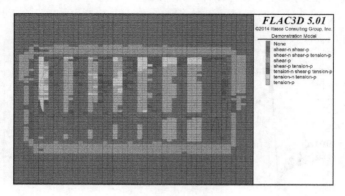

(a) 工作面长度为75 m

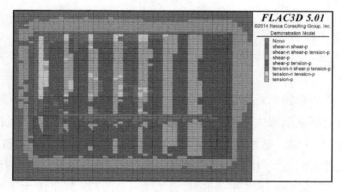

(b) 工作面长度为105 m

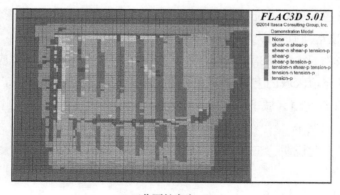

(c) 工作面长度为135 m

图 4-84　不同工作面长度条件下直接顶破坏场

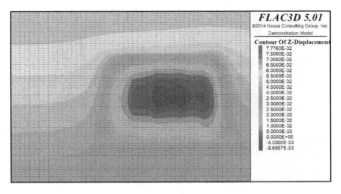

(a) 工作面长度为75 m

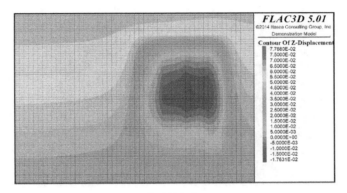

(b) 工作面长度为105 m

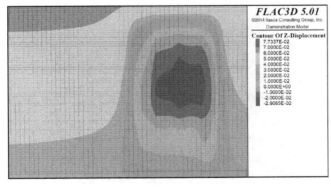

(c) 工作面长度为135 m

图4-85　不同工作面长度条件下推进80 m时基本顶垂直位移变化

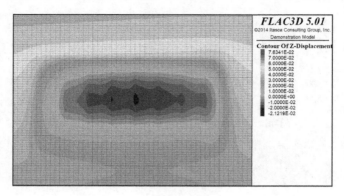

(a) 工作面长度为75 m

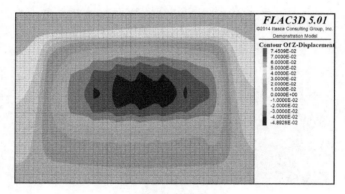

(b) 工作面长度为105 m

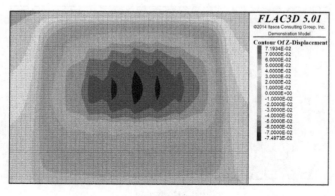

(c) 工作面长度为135 m

图 4-86　不同工作面长度条件下推进 160 m 时基本顶垂直位移变化

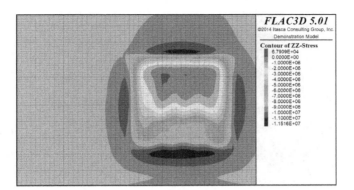

(a) 工作面长度为75 m

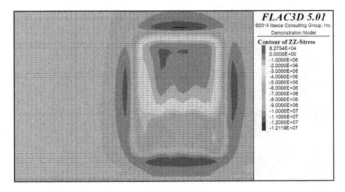

(b) 工作面长度为105 m

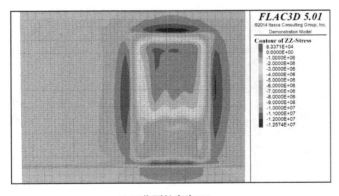

(c) 工作面长度为135 m

图4-87　不同工作面长度条件下推进80 m时基本顶垂直应力变化

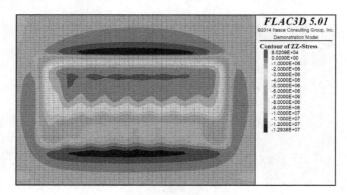

(a) 工作面长度为75 m

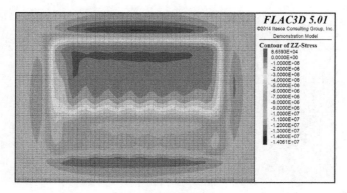

(b) 工作面长度为105 m

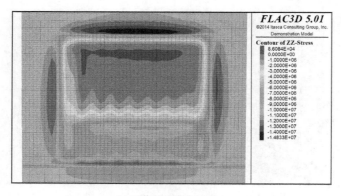

(c) 工作面长度为135 m

图4-88 不同工作面长度条件下推进160 m时基本顶垂直应力变化

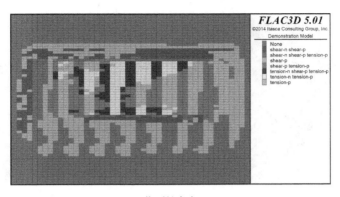

(a) 工作面长度为75 m

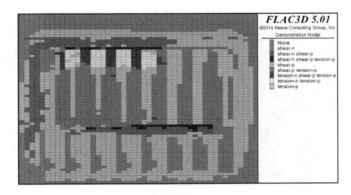

(b) 工作面长度为105 m

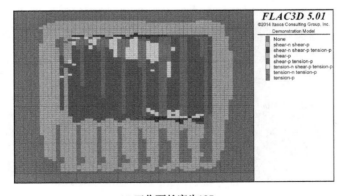

(c) 工作面长度为135 m

图4-89　不同工作面长度条件下基本顶破坏场

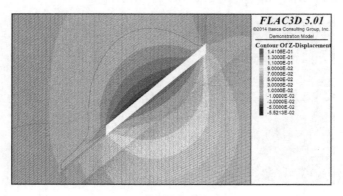

(a) 工作面长度为75 m

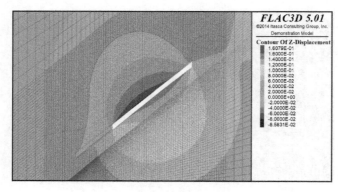

(b) 工作面长度为105 m

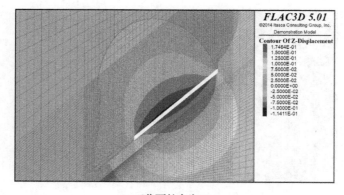

(c) 工作面长度为135 m

图4-90 不同工作面长度条件下倾向垂直位移云图

越小。长度为 105 m 与长度为 135 m 的工作面基本顶破坏场形态特征相同。

3. 上覆岩层

1）沿煤层倾斜方向覆岩垂直位移变化特征

由图 4-90 可以看出，工作面长度越长，覆岩离层高度越高，直接顶层面位移最大，在未充填区域覆岩下沉轮廓线靠近充填区域的上部，且随着工作面长度增长，充填区域上覆岩层离层高度越高。当工作面长度为 75 m 时，覆岩最大位移量为 55.21 mm；工作面长度为 105 m 时，覆岩最大位移量为 85.83 mm；工作面长度为 135 m 时，覆岩最大位移量为 114.11 mm。

由图 4-91 可以看出，在工作面矸石充填区域的下端口会产生向上的位移量，工作面长度越长，向上的位移量越小，随着煤层倾斜方向不断向上，垂直位移变成向下的位移量，且下沉位移值越来越大。由图 4-92 可以看出，在充填 1/3 条件下，工作面水平位移随着工作面长度增长而增大，且在充填区域下部是负的水平位移，在工作面上部是正的水平位移，工作面上端口位移值大于下部水平位移值。

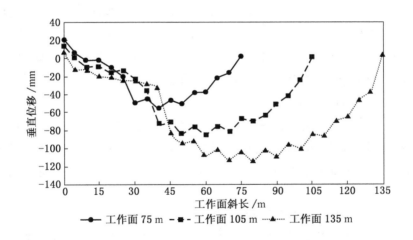

图 4-91　工作面倾斜方向垂直位移

2）沿煤层倾斜方向覆岩垂直应力变化特征

由图 4-93 可以看出，在充填 1/3 的情况下，不同工作面长度，覆岩应力场轮廓形状基本相同，集中应力最大值与应力释放值皆随着工作面长度增长而增

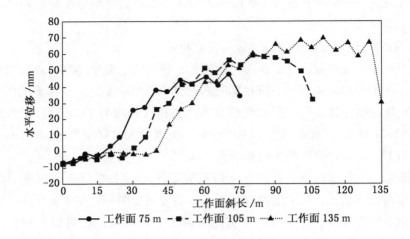

图 4 - 92　工作面倾斜方向水平位移

大,其中,工作面长度为 75 m 时,最大集中应力值为 21.30 MPa,应力释放区域最大应力值为 0.084 MPa;工作面长度为 105 m 时, 最大集中应力值为 22.11 MPa, 应力释放区域最大应力值为 0.09 MPa;工作面长度为 135 m 时, 最大集中应力值为 23.20 MPa, 应力释放区域最大应力值为 0.091 MPa。由图 4 - 94 可以看出,直接顶应力集中区域应力最大值在充填区域上端口。

3) 沿煤层倾斜方向覆岩塑性区变化特征

由图 4 - 95 可以看出,在充填 1/3,不同工作面长度条件下,顶底板及覆岩塑性区形态基本相同,破坏范围随着工作面长度增长而减小,且充填区域塑性区范围一致。在未充填区域顶板岩层主要受到拉伸破坏,受拉伸破坏区域随着工作面长度增长而减小。

4) 沿煤层走向方向覆岩位移变化特征

由图 4 - 96 可以看出,充填 1/3 时,在工作面走向方向上,随着工作面长度增长,覆岩的离层高度随之增大, 且以工作面走向方向中间位置对称分布, 呈现拱形。工作面长度为 75 m 时, 离层高度为 28.8 m;工作面长度为 105 m, 离层高度为 54.6 m;工作面长度为 105 m, 离层高度为 85.5 m。

由图 4 - 97 可以看出,工作面顶板岩层一定范围内层面位移随着岩层高度增加, 层面位移变小, 但是当穿过图 4 - 97 所示弧形带后, 层面位移会继续增大到

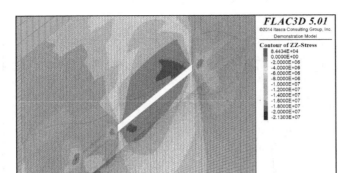

(a) 工作面长度为75 m

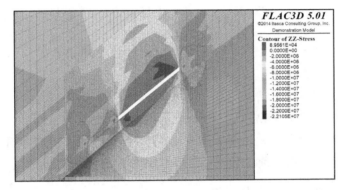

(b) 工作面长度为105 m

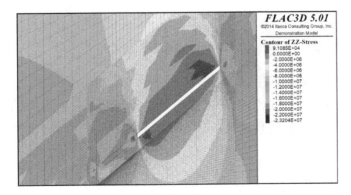

(c) 工作面长度为135 m

图 4 - 93 不同工作面长度条件下倾向垂直应力云图

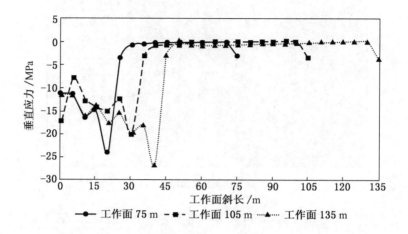

图 4-94　不同工作面长度条件下倾斜方向垂直应力

一定值，并保持稳定。

5）沿煤层走向方向塑性区变化特征

由图 4-98 可以看出，随着工作面长度增长，顶板岩层拉伸破坏减少，剪切破坏增多，走向方向煤壁前方和开切眼后方煤柱主要受到剪切破坏。在充填 1/3，不同工作面长度条件下，顶板岩层塑性区发育高度皆为 20.8 m，由此可知，在充填相应工作面比例的矸石后，顶板岩层破坏高度一致，且不受工作面长度变化而变化。

五、不同采高条件下顶板及覆岩运移规律

本次模拟工作面不同采高的工况下，是以煤层倾角为 40°、工作面长度为 105 m、矸石沿下端头充填工作面长度的 1/3 为基准，在工作面采高为 2.2 m、3.2 m、4.2 m 工况下分析直接顶、基本顶及上覆岩层的位移、应力和塑性区特征，如图 4-99 所示。

1. 直接顶

1）直接顶走向垂直位移特征

由图 4-100、图 4-101 可以看出，在充填 1/3 条件下，不同采高对直接顶垂直位移影响并不明显，随着采高的增大，直接顶垂直位移出现略微减小的趋

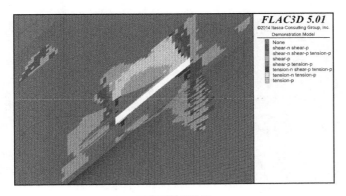

(a) 工作面长度为75 m

(b) 工作面长度为105 m

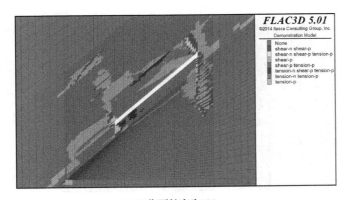

(c) 工作面长度为135 m

图4-95 不同工作面长度条件下倾向塑性区变化

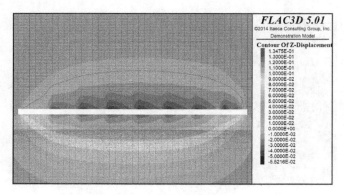

(a) 工作面长度为75 m

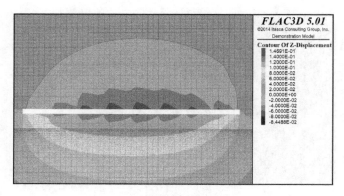

(b) 工作面长度为105 m

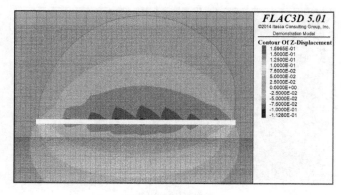

(c) 工作面长度为135 m

图 4-96 不同工作面长度条件下走向垂直位移分布

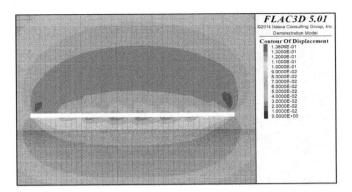

(a) 工作面长度为75 m

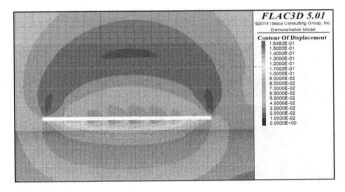

(b) 工作面长度为105 m

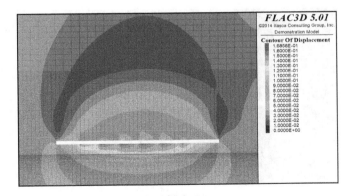

(c) 工作面长度为135 m

图 4 - 97　不同工作面长度条件下走向垂直顶板岩层层面位移分布

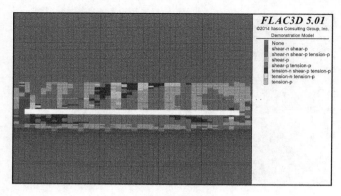

(a) 工作面长度为75 m

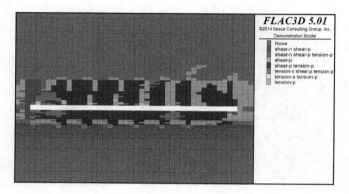

(b) 工作面长度为105 m

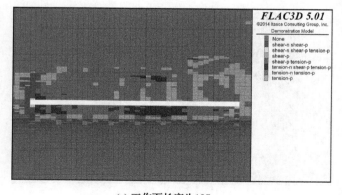

(c) 工作面长度为135 m

图 4 - 98　不同工作面长度条件下走向塑性区分布

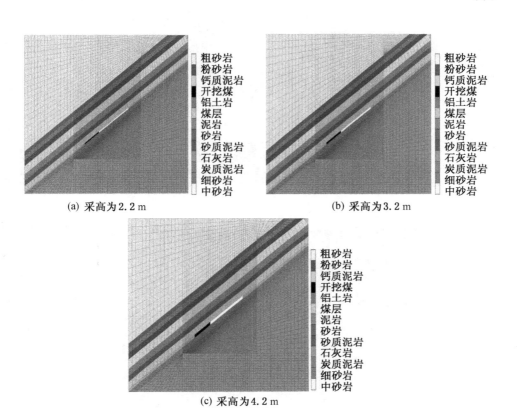

(a) 采高为 2.2 m

(b) 采高为 3.2 m

(c) 采高为 4.2 m

图 4-99　不同工作面采高条件下模型正面图

势。在充填 1/3 条件下，当工作面推进 80 m，工作面采高为 2.2 m 时，直接顶垂直位移为 52.42 mm；工作面采高为 3.2 m 时，直接顶垂直位移为 46 mm；工作面采高为 4.2 m 时，直接顶垂直位移为 44.7 mm。当工作面推进 160 m，工作面采高为 2.2 m 时，直接顶垂直位移为 83.86 mm；工作面采高为 3.2 m 时，直接顶垂直位移为 76.68 mm；工作面采高为 4.2 m 时，直接顶垂直位移为 75.98 mm。

由图 4-102、图 4-103 可以看出，工作面走向方向上两端煤柱，工作面上部区域煤柱位移最大，中部次之，下部区域煤柱垂直位移最小，对比分析可知，在充填 1/3 条件下，工作面采高 2.2 m 与采高 4.2 m 时直接顶不同位置垂直位移基本相同。

2）直接顶走向垂直应力特征

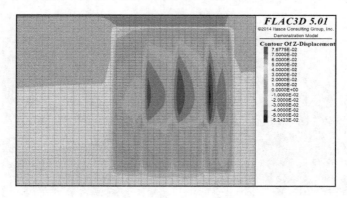

(a) 采高为2.2 m

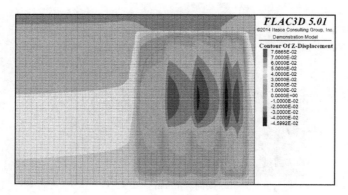

(b) 采高为3.2 m

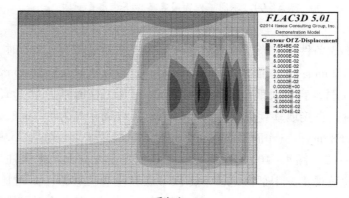

(c) 采高为4.2 m

图4-100　不同采高条件下推进80 m时直接顶垂直位移变化云图

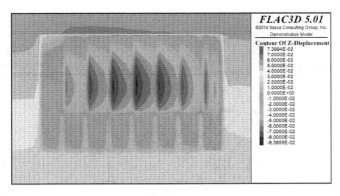

(a) 采高为2.2 m

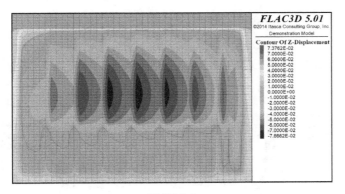

(b) 采高为3.2 m

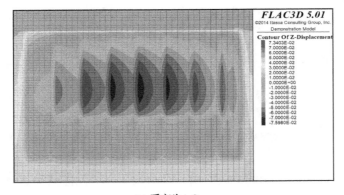

(c) 采高为4.2 m

图 4 - 101　不同采高条件下推进 160 m 时直接顶垂直位移变化云图

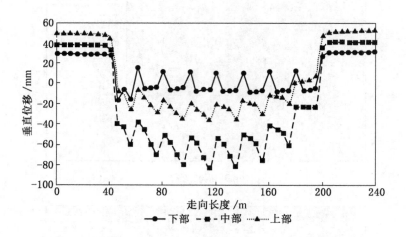

图 4 - 102　工作面采高为 2.2 m 条件下直接顶不同位置垂直位移分布

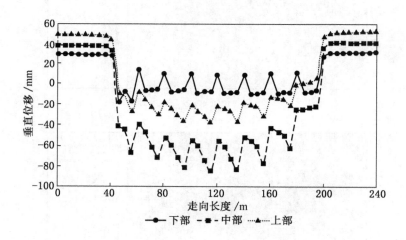

图 4 - 103　工作面采高为 4.2 m 条件下直接顶不同位置垂直位移分布

　　由图 4 - 104、图 4 - 105 可以看出，采高越小，工作面两帮煤柱上方直接顶应力集中区域集中应力值越大，当推进 80 m，采高 2.2 m 时，直接顶集中应力值为 17.45 MPa,且在矸石充填区域上部直接顶应力集中区域越明显。当推进 160 m,采高为 2.2 m 时，集中区域最大集中应力值为 19.18 MPa，应力释放区域应力值

(a) 采高为2.2 m

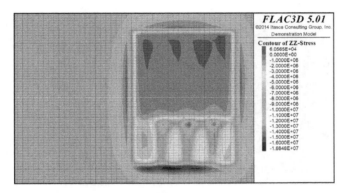

(b) 采高为3.2 m

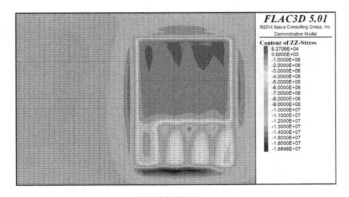

(c) 采高为4.2 m

图4-104　工作面不同采高条件下推进80 m时直接顶垂直应力变化云图

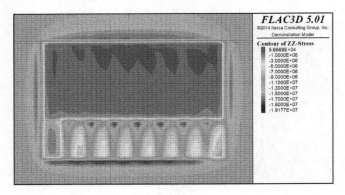

(a) 采高为2.2 m

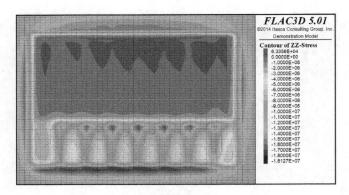

(b) 采高为3.2 m

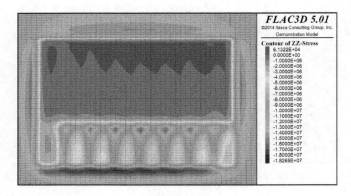

(c) 采高为4.2 m

图4-105 工作面不同采高条件下推进160 m时直接顶垂直应力变化云图

为 0.057 MPa；采高为 3.2 m 时，集中区域最大集中应力值为 18.13 MPa，应力释放区域应力值为 0.063 MPa，集中区域最大集中应力值为 18.27 MPa，应力释放区域应力值为 0.061 MPa。这说明采高越大，直接顶应力释放越充分，集中应力值减小，释放应力值增大，但是当采高增大到一定值时，应力释放效果减弱。

由图 4-106、图 4-107 可以看出，采高越大，走向方向两端煤柱集中应力值越大，最大值出现在中部区域煤柱，在下部矸石充填区域随着采高增大，来压强度减小。当采高为 2.2 m 时，在工作面走向方向 140 m 处出现垂直应力值为 13.6 MPa 的来压现象；当采高 4.2 m 时，在工作面走向方向 160 m 处出现垂直应力值为 11.6 MPa 的来压现象，这说明采高越大，应力释放越充分，来压强度及来压次数均减小。

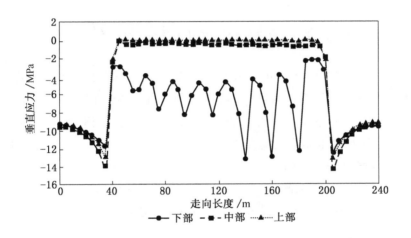

图 4-106　工作面采高为 2.2 m 条件下直接顶不同位置垂直应力分布

3）直接顶走向塑性区

由图 4-108 可以看出，采高越大，塑性区范围越大，且塑性区增大范围主要集中在工作面中上部，以工作面上端头直接顶塑性区增大得最为明显，采场四周煤柱直接顶塑性区主要以剪切破坏为主，开切眼后方煤柱直接顶塑性区范围大于煤壁前方直接顶塑性区范围。

2. 基本顶

1）基本顶走向垂直位移特征

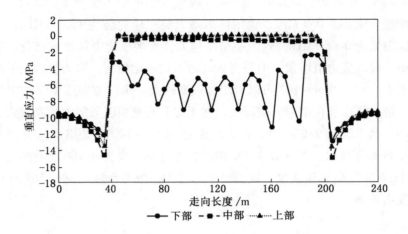

图4-107　工作面采高为4.2 m条件下直接顶不同位置垂直应力分布

由图4-109、图4-110可以看出，在充填1/3条件下，随着采高的增大，工作面基本顶垂直位移随之略微增大，基本顶垂直位移分布特征基本相同。当工作面推进80 m，采高为2.2 m时，采场基本顶最大垂直位移为17.12 mm；采高为3.2 m时，采场基本顶最大垂直位移为17.63 mm；采高为4.2 m时，采场基本顶最大垂直位移为18.21 mm。当工作面推进160 m，采高为2.2 m时，采场基本顶最大垂直位移为48 mm；采高为3.2 m时，采场基本顶最大垂直位移为48.93 mm；采高为4.2 m时，采场基本顶最大垂直位移为49.56 mm。

2）基本顶走向垂直应力特征

由图4-111、图4-112可以看出，在充填1/3条件下，基本顶应力场特征相同，在工作面推进80 m，采高为3.2 m时，基本顶应力释放的应力值最大，最大值为0.083 MPa，集中区域最大集中应力值相同。当工作面推进160 m时，基本顶应力集中及应力释放值相同，且最大集中应力均出现在工作面基本顶的上部区域。

3）基本顶走向塑性区

由图4-113可以看出，在充填1/3条件下，工作面不同采高基本顶破坏场塑性区分布特征相同，在工作面倾斜方向上部区域，走向方向中部基本顶正在发生拉伸破坏，且采高为4.2 m时破坏范围最大，采高为3.2 m时破坏范围最小。

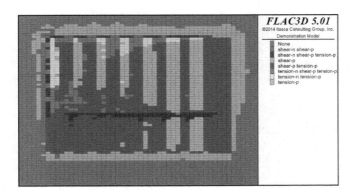

(a) 采高为2.2 m

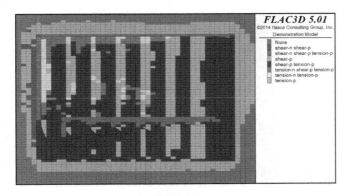

(b) 采高为3.2 m

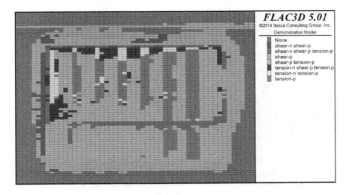

(c) 采高为4.2 m

图4-108　工作面不同采高条件下直接顶破坏场

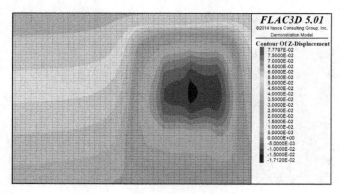

(a) 采高为2.2 m

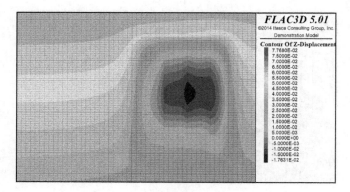

(b) 采高为3.2 m

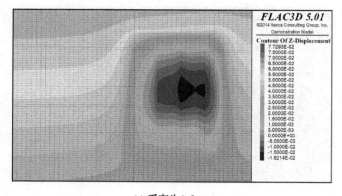

(c) 采高为4.2 m

图4-109 工作面不同采高条件下推进80 m时基本顶垂直位移变化

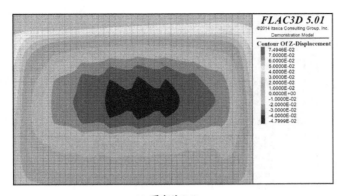

(a) 采高为2.2 m

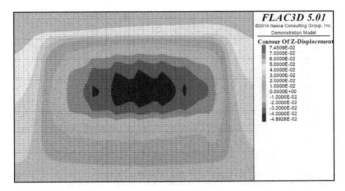

(b) 采高为3.2 m

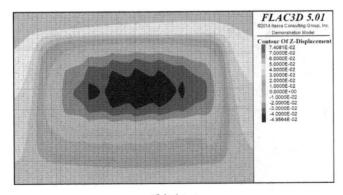

(c) 采高为4.2 m

图4-110 工作面不同采高条件下推进160 m时基本顶垂直位移变化

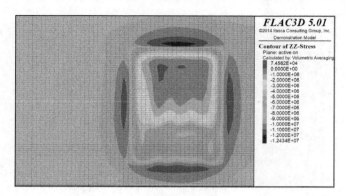

(a) 采高为2.2 m

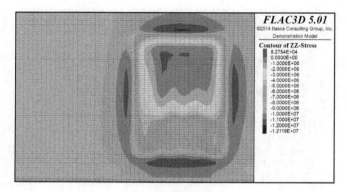

(b) 采高为3.2 m

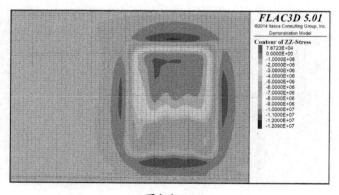

(c) 采高为4.2 m

图 4 - 111　工作面不同采高条件下推进80 m 时基本顶垂直应力变化

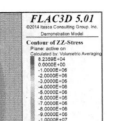

(a) 采高为2.2 m

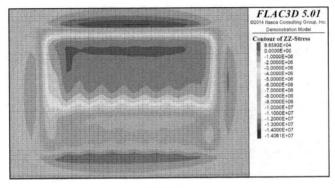

(b) 采高为3.2 m

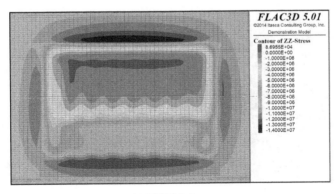

(c) 采高为4.2 m

图 4 – 112　工作面不同采高条件下推进 160 m 时基本顶垂直应力变化

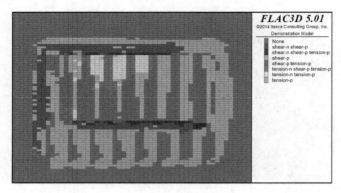

(a) 采高为2.2 m

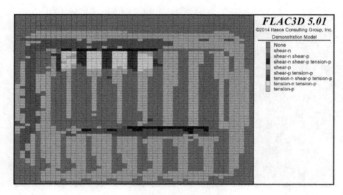

(b) 采高为3.2 m

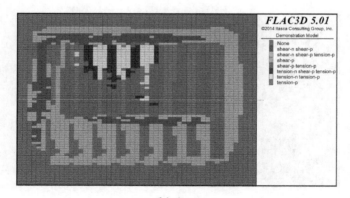

(c) 采高为4.2 m

图4-113 工作面不同采高条件下基本顶破坏场

3. 上覆岩层

1）沿煤层倾斜方向覆岩垂直位移变化特征

由图 4-114 可以看出，在充填 1/3 条件下，工作面倾斜方向上覆岩垂直位移分布特征基本相同，随着工作面采高的增大，覆岩最大垂直位移略微减小，且工作面直接顶层面位移最大。当采高为 2.2 m 时，最大垂直位移为 87.03 mm；采高为 3.2 m 时，最大垂直位移为 85.83 mm；采高为 4.2 m 时，最大垂直位移为 84.26 mm。由图可以看出，最大层面位移出现在工作面直接顶未充填区域的中下部。工作面底板垂直位移也随着采高的增大而减小，且最大垂直位移出现在顶板中部偏上的位置。

2）沿煤层倾斜方向覆岩垂直应力变化特征

由图 4-115 可以看出，在充填 1/3 条件下，不同采高工作面倾斜方向覆岩垂直应力分布特征基本相同，分别在工作面上部区域的顶板岩层出现应力释放区域及在工作面未充填区域的下部底板出现应力释放区域，且顶板岩层应力释放区域范围大于工作面底板岩层。其中在工作面充填区域的下部煤柱、充填区域的上部矸石充填体、未充填区域的上部煤柱皆出现应力集中现象，最大集中应力为采高 2.2 m 时，应力值为 24.03 MPa。

3）沿煤层倾斜方向覆岩塑性区变化特征

由图 4-116 可以看出，在充填 1/3 条件下，工作面倾斜方向覆岩塑性区分布特征相同，工作面顶底板塑性区破坏范围较大，充填区域的顶板塑性区破坏范围较不充填区域明显减小，且充填区域顶板主要以剪切破坏为主，未充填区域上部顶板岩层以拉伸破坏为主。

4）沿煤层走向方向覆岩位移变化特征

由图 4-117、图 4-118 可以看出，在充填 1/3 条件下，不同采高对工作面走向方向上覆岩垂直位移的影响并不明显，顶板岩层的离层高度、离层范围及顶底板垂直位移均无明显变化。在顶板岩层层面位移以拱形分布，底板的位移大于顶板的位移，且不同采高，层面位移分布特征基本相同。

5）沿煤层走向方向塑性区变化特征

由图 4-119 可以看出，在充填 1/3 条件下，不同采高走向方向覆岩塑性区分布特征基本相同，顶板岩层塑性区范围大于底板岩层塑性区范围，在开切眼后方和煤壁前方主要以剪切破坏为主，当采高为 2.2 m 时，顶板岩层塑性区高度为 21.15 m；当采高为 3.2 m 时，顶板岩层塑性区高度为 20.8 m；当采高为 4.2 m

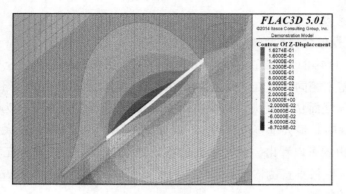

(a) 采高为2.2 m

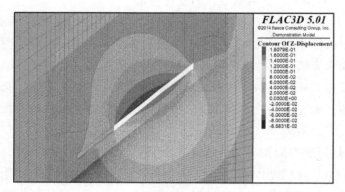

(b) 采高为3.2 m

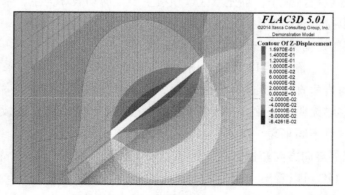

(c) 采高为4.2 m

图 4 - 114　工作面不同采高条件下倾向垂直位移云图

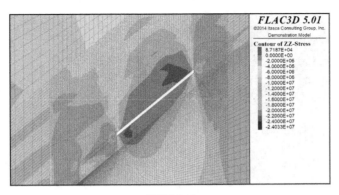

(a) 采高为2.2 m

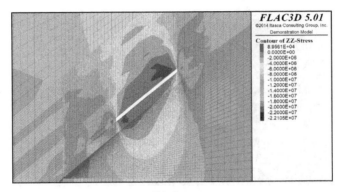

(b) 采高为3.2 m

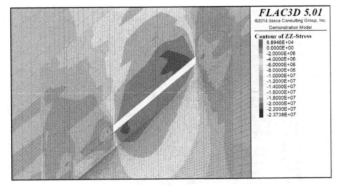

(c) 采高为4.2 m

图4-115　工作面不同采高条件下倾向垂直应力云图

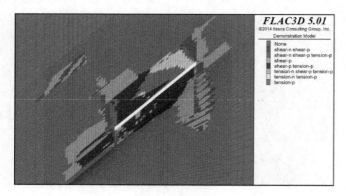

(a) 采高为2.2 m

(b) 采高为3.2 m

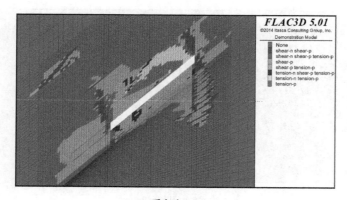

(c) 采高为4.2 m

图4-116　工作面不同采高条件下倾向塑性区分布

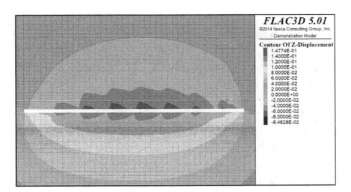

(a) 采高为2.2 m

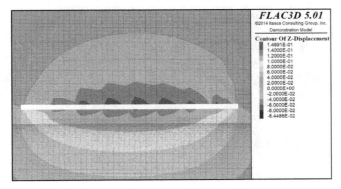

(b) 采高为3.2 m

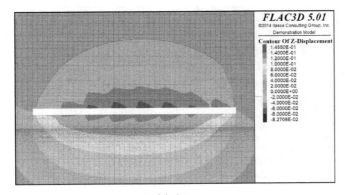

(c) 采高为4.2 m

图4-117　工作面不同采高条件下走向垂直位移分布

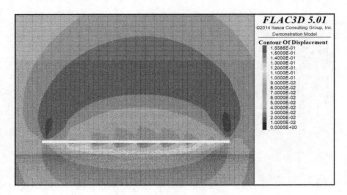

(a) 采高为2.2 m

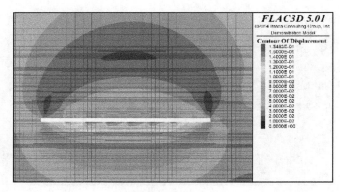

(b) 采高为3.2 m

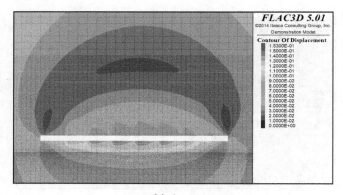

(c) 采高为4.2 m

图 4-118　工作面不同采高条件下走向垂直顶板岩层层面位移分布

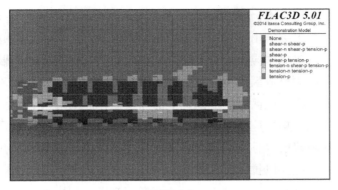

(a) 采高为2.2 m

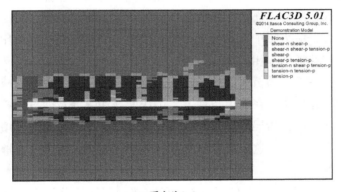

(b) 采高为3.2 m

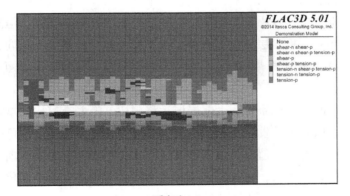

(c) 采高为4.2 m

图4-119　工作面不同采高条件下走向塑性区分布

时，顶板岩层塑性区高度为 20.7 m。

通过上述分析可以看出工作面在未充填的条件下，工作面顶底板破坏的范围较大，工作面下端口集中应力大于上端口集中应力。受到煤层倾角影响，工作面中上部区域顶板应力释放区范围大于下部区域，且应力值小于下部区域。在充填条件下，工作面矸石充填区域的下部、上部以及工作面上端口煤柱出现应力集中区，相较于不充填，集中应力明显减小。充填条件下应力释放区只出现在未充填工作面的顶底板岩层，且在工作面上下端头主要以剪切破坏为主，在工作面未充填区域的顶底板主要以拉伸破坏为主。

通过对比不同矸石充填比例得出，矸石局部充填比例增大能够减小顶板集中应力，且应力集中区域最大集中应力随着充填比例的增大逐渐由工作面的下端口煤柱向上端口煤柱转移。充填不同矸石比例时，工作面应力分布特征相同，但随着充填比的增大，应力集中区域的最大应力值减小，不同矸石充填比例的工作面应力及位移分布特征基本相同。

在不充填条件下，顶板岩层的破坏场范围大于底板岩层破坏场范围，整个破坏形式以剪切破坏为主。在充填条件下，工作面开切眼处及前方煤壁主要受到剪切破坏，工作面顶底板岩层既受拉伸破坏又受剪切破坏，且随着充填比的增加顶板岩层塑性区高度减少。这说明充填开采相较于不充填，能够有效地减少顶底板塑性区发育高度。

在充填 1/3，不同倾角条件下，工作面直接顶层面位移最大，且受到煤层倾角影响，位移轮廓向工作面上部区域偏移，下部矸石充填区域虽然也产生了向下的位移，但是垂直位移较小。不同倾角工作面采场位移特征相似，但随着煤层倾角的增大，工作面顶板岩层的位移不断减小，底板岩层位移大小相同，随着煤层倾角增加，顶板最大位移减少。这说明顶板岩层垂直位移随着煤层倾角的增大反而减小。

通过研究不同充填比条件下上覆岩层运移规律，随着充填比的增加，顶板岩层垂直位移最大值减少，发生在距工作面下端口的位置增加。由此可以得出，当矸石充填比例增大到一定值时，最大垂直位移才会不断向上端口移动，且充填与不充填垂直位移影响很大，但随着充填比例的增大，垂直位移量变化波动不大。

通过分析充填 1/3，不同工作面长度条件下，随着工作面长度的增大，顶板岩层下沉量也会随之增大，且矸石充填区域对顶板岩层最大作用力位置不断向充填区域上部偏移。在充填相应工作面比例的矸石后，顶板岩层破坏高度一致，且

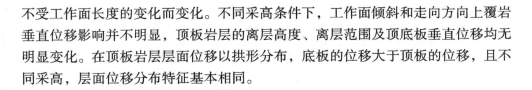

不受工作面长度的变化而变化。不同采高条件下，工作面倾斜和走向方向上覆岩垂直位移影响并不明显，顶板岩层的离层高度、离层范围及顶底板垂直位移均无明显变化。在顶板岩层层面位移以拱形分布，底板的位移大于顶板的位移，且不同采高，层面位移分布特征基本相同。

第四节　急倾斜煤层开采"支架－围岩"系统稳定性控制

目前，国内外关于急倾斜煤层充填开采控制围岩变形与覆岩运移方面的研究已取得了很多成果，但急倾斜煤层充填开采过程中人工矸石充填体与垮落矸石之间的物性特征差异、围岩应力场和位移场变化规律，以及人工与垮落矸石复合充填和推进速度协调控制"支架－围岩"系统稳定性的理论方面的研究需进一步深入的分析。综上所述，提出以下几点研究思路。

（1）急倾斜煤层，由于其角度大，顶板垮落矸石具有向采空区下部滑移的特性，结合松散岩石的碎胀性，可利用人工充填矸石和顶板垮落矸石复合充填体支撑覆岩。如图4-120所示，随着矸石充填量的变化，人工充填矸石之间以及

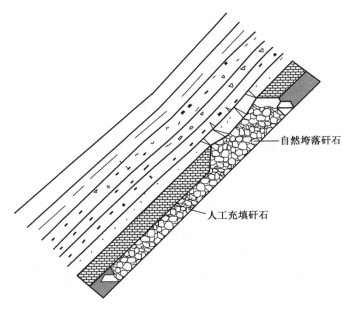

图4-120　人工充填矸石与垮落矸石复合充填

人工充填矸石和自然垮落矸石之间的相互作用关系也随之发生变化，其相互作用机理是下一步需要研究的内容。

（2）相对于煤层倾角 35°以下煤层充填开采，在急倾斜煤层局部充填过程中，沿工作面倾向，随着人工矸石的不断充入，充填体持续受到其后续矸石充填体及垮落顶板的挤压，如图 4 - 121 所示，其物性特征随空间位置的不同而变化。另外沿工作面走向，随着工作面推进速度的不同，充填体的压缩性能及稳定性随时间也发生改变，有必要对多因素（角度、人工充填量、推进速度）交互影响下急倾斜煤层长壁局部充填采场人工矸石充填体的时空动态变化特性进一步研究。

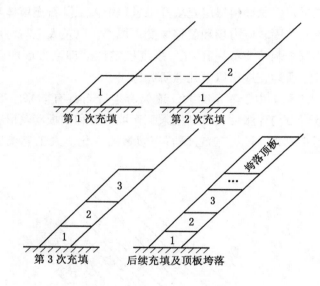

图 4 - 121　人工充填矸石受挤压示意图

（3）相对于垮落法开采，在多因素（倾角、人工充填量、推进速度）交互影响下，充填法采场形成了一个新的"支架 - 围岩（工作面煤体、顶板、底板） - 复合充填体"动态作业空间，采场围岩的应力状态及移动、变形和破坏规律具有新的特征，有必要对多因素（倾角、人工充填量、推进速度）交互影响下采场围岩应力场和位移场的时空演化机制以及充填体尺度和推进速度效应进一步研究。

（4）由于受到复合充填体的约束，随着人工充填量和推进速度的变化，围岩受载特征发生改变，沿工作面走向方向"支架－围岩－复合充填体"，以及沿倾向"顶板－支架－底板"和"支架－支架"间的力学行为发生改变。"支架－围岩"系统的整体稳定性有待进行深入研究，复合充填与推进速度协调作用下"支架－围岩"系统多维交互响应和稳定性控制机制需要进一步揭示。

　　总而言之，急倾斜煤层充填开采围岩变形机理及覆岩运移规律研究与工程实际应用形成了较为完善的理论与技术实践体系，弥补了急倾斜煤层充填开采这一技术的空缺，但是针对急倾斜煤层充填开采过程中支架－围岩之间的相互作用关系及支架稳定性研究是下一步的研究重点。有必要对人工矸石充填体随时间、空间的物性变化特征，及与垮落矸石充填体的相互作用关系，复合充填与推进速度协调作用下"支架－围岩"系统沿走向和倾向子系统间的相互作用机理及稳定性控制机制等关键问题进行深入的研究，可为急倾斜煤层安全高效开采提供理论依据，且丰富急倾斜煤层充填开采理论。有力地推动了煤炭事业的发展，具有非常重要的现实意义和社会意义，推广应用前景广阔。

第五章 急倾斜煤层充填开采相似模拟研究

本章在理论分析的基础上，采用相似材料模拟方法，对急倾斜煤层充填开采围岩的移动机理进行研究，得出如下结论：

第一节 柔性掩护支架矸石充填物理相似模拟实验

相似材料模拟实验作为研究岩层移动的一种重要手段，在许多领域得到应用，由于该方法具有研究周期短、成本低、结果直观等特点，如今被广泛应用于矿山开采岩层移动规律研究中。本书拟采用相似模拟方法对急倾斜煤层充填开采围岩的移动规律进行研究，旨在分析充填开采条件下岩层的破坏形态、顶板裂隙发育规律以及矸石充填巷的破坏规律，为现场实际应用提供借鉴。

一、相似模拟方案

1. 模拟区域地质条件介绍

模型以木城涧煤矿大台井 –410 m 水平西四采区为研究背景，该区域煤层倾角平均为 68°，煤层平均厚度为 2 m。围岩以粉砂岩为主，伴有少量的炭质粉砂岩夹层，基本顶岩石呈灰白色，含长石、石英，硅质胶结，分选磨圆好，岩石稳定；直接顶岩石呈灰黑色，硅质胶结，岩石较稳定；直接底有小煤线发育，岩石呈灰黑色，含少量暗色矿物；基本底岩石呈灰白色，硅质胶结，分选磨圆好，岩石稳定。根据对现场数据的收集整理，得出有关本实验所用的物理力学参数，见表 5 –1。

2. 模拟相似比选择

本实验模型相似比选择见表 5 –2。

表5-1 岩层物理力学性质参数

岩 层	岩厚/m	抗压强度/(kg·cm^{-2})	容重/(g·cm^{-3})
基本顶粉砂岩	15	918	2.65
直接顶粉砂岩	4	734	2.61
煤	2	208	1.78
直接底粉砂岩	8	758	2.62
基本底粉砂岩	20	1050	2.67

表5-2 模型相似比

模型相似常数	几何相似比 α_l	容重相似比 α_γ	时间相似比 α_t
相似比	50:1	6:1	10:1

由此可以计算出各岩层的相似厚度、单轴抗压强度和相似容重，见表5-3。

表5-3 各岩层实验参数

模型相似常数	相似厚度 L_m/mm	单轴抗压强度 $[\sigma_c]_M$/(kg·cm^{-2})	相似容重 γ_{M1}/(g·cm^{-3})
基本顶	300	11.48	1.66
直接顶	80	9.18	1.63
煤层	40	2.6	1.11
直接底	160	9.48	1.64
基本底	400	13.75	1.67

3. 模型测点布置方案及监测方法

本实验采用二维实验台，采用煤层倾向布置的平面应力模型。采用数据采集与分析系统对岩层的应力应变情况进行监测并输出结果。为了反映开采过程中岩层应力的分布状态和变化趋势，铺设模型时，在工作面岩层中铺设测量基点，基点呈网格状布置，底板岩层铺设9枚，顶板岩层布设18枚，平均间隔为10 cm × 10 cm。为了更加精确地测量开采过程中覆岩的运移情况，在模型正面的不同层位布设了位移基点，采用精度高的电子经纬仪对岩层位移情况进行观测，位移基点沿煤层共布设11层，采用10 cm × 10 cm的网格式布置，每层布置9个基点，共计布置99个位移基。

模拟工作面为实际工作面走向剖面，以4 cm的竖直开采高度为步距对模型进行开挖，在每次煤体开挖后，将充填材料放入采空区，测量充填开采后顶底板应力应变情况。本实验选用EPS聚苯乙烯泡沫板作为充填材料，EPS板具有密度小、抗挤压性能弱的特点，可以模拟充填体在受到顶底板挤压时发生变形的力学特征，在充填过程中便于操作。

为了研究充填开采过程中采区巷道的变形破坏规律，在工作面回风水平邻近煤层底板一侧开挖2 m×2 m的底板岩巷，在巷道开挖后采用EPS泡沫板进行支护。

二、实验结果分析

1. 位移观测数据分析

急倾斜充填开采相似模拟各阶段围岩移动变形情况如图5-1所示。

开采10 m时，模型顶底板岩层未出现明显变形，如图5-1a所示。当开采至20 m时，直接顶向采空区方向发生弯曲变形，模型直接顶出现离层，裂隙带高度为3 m，裂隙带最下端长度为16 m，最上端为4 m，顶板移进量为4 mm，围岩移动情况如图5-1b所示。

随着模型的开挖，顶板岩层位移逐渐扩大，当开挖至26 m时，直接顶岩层变形量增大并发生断裂，断裂角约为70°，顶板移进量扩大至11 mm，如图5-1c所示。

当模型开挖至30 m时，离层发展至基本顶，裂隙长度达到27 m，充填体压缩量达到31 mm，如图5-1d所示。

当模型开挖至36 m时，裂隙带高度达到14 m，最大裂隙长度为29 m，充填体压缩量为44 mm，如图5-1e所示。当开挖至40 m接近模型底部时，模型顶板仍未出现垮落，裂隙带高度达到16 m，最上层长17 m，充填体压缩量最终保持在47 mm，围岩变形最终形态如图5-1f所示。

根据经纬仪观测的数据，经过整理，得到了模型充填开采后直接顶和基本顶的水平位移和竖直位移数据，绘制的水平位移和竖直位移图如图5-2、图5-3所示。

由图5-2可得到如下基本结论：

（1）上覆岩层的运移呈规律性，随着工作面煤层的开采和充填，顶板发生

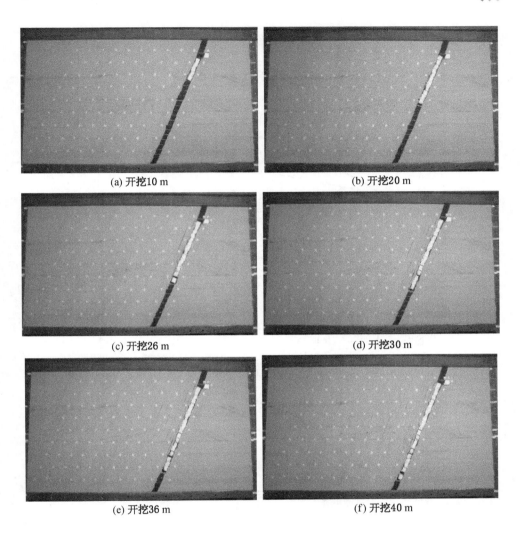

(a) 开挖10 m

(b) 开挖20 m

(c) 开挖26 m

(d) 开挖30 m

(e) 开挖36 m

(f) 开挖40 m

图5－1　工作面开挖各阶段围岩移动变形情况

向底板方向的水平位移。

（2）岩层层位不同，产生的水平位移也不同，而且下位岩层的水平位移大，层位越高，水平位移越小。

（3）上覆岩层发生离层后，顶板岩层将明显向顶板下方即采空区方向发生水平与竖直位移，当顶底板逐渐压实后，位移达到峰值。

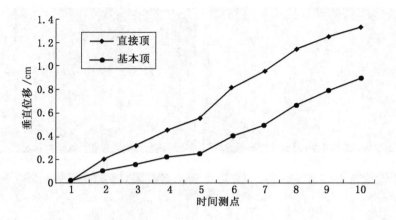

图 5-2　顶板岩层水平位移图

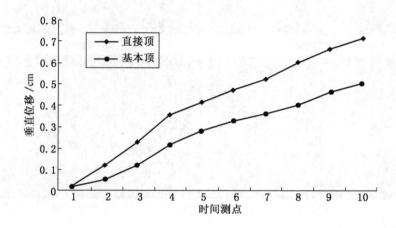

图 5-3　顶板岩层竖直位移图

　　由图 5-3 可以看出，上覆岩层的竖直位移一直在不断增加，岩层层位不同，竖直位移同样不同，层位越低，竖直位移越大。由此可见，虽然采用充填开采，但顶底板岩层仍有变形移动，但变形量较小，这说明充填开采可以有效地控制顶底板岩层移动，由实验结果可以看出顶板变形量明显大于底板变形量。

　　2. 应力监测数据分析

在相似模拟实验的过程中，获得了大量位移变化的实测数据，经过分类整理得出垂直于顶板方向各岩层应力分布情况。由模拟结果得知，直接底最大支撑压力出现在 5 号测点，最大压力为 91.8 kN，直接顶最大支撑压力出现在 14 号测点，最大压力为 833.1 kN，基本顶最大支撑压力出现在 22 号测点，最大压力为 410.2 kN，工作面各推进阶段顶底板最大支撑压力变化曲线如图 5 - 4 ~ 图 5 - 6 所示。

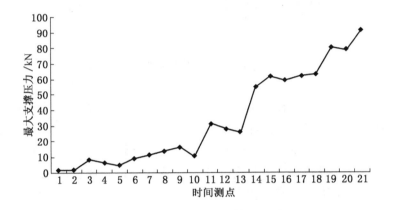

图 5 - 4　直接底 5 号测点应力变化曲线图

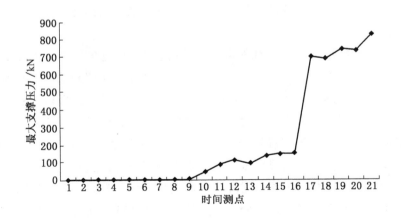

图 5 - 5　直接顶 14 号测点应力变化曲线图

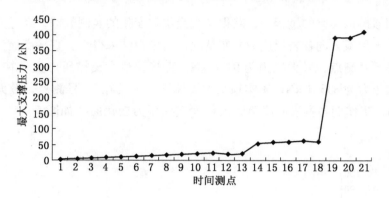

图 5-6　基本顶 22 号测点应力变化曲线图

由以上分析可知，随着工作面的采煤、充填，在工作面斜上方测点的支撑压力起初没有发生较大变化，随着直接顶和基本顶发生离层，上覆岩层逐渐压实，该测点的支撑压力呈升高趋势；从数据分析结果来看，模拟开采过程中，当基本顶阶段性离层，该时间段应力片所测压力峰值较高，但并未出现阶段性周期变化，模型的整体矿压显现不明显。

通过对急倾斜煤层充填开采围岩的移动及结构特征进行了研究，发现充填开采与垮落法开采相比，顶板不会出现大面积垮落，只会向采空区一侧发生弯曲变形；支撑压力区影响范围向采场中部集中，应力集中程度明显减小。充填开采时，由于支撑压力区位置的转移，减弱了采区巷道围岩的移动变形程度，有利于巷道的维护。

通过相似材料模型实验，对急倾斜煤层充填开采引起的岩层移动和变形进行了观测，对观测数据进行分析可以得出：①急倾斜煤层充填开采可以减缓上覆岩层的移动速度和变形量，使上覆岩层移动与变形较为平缓，顶板岩层的移动形式以岩层弯曲、离层和断裂为主，没有岩层垮落迹象。充填开采后顶板围岩的变形量远大于底板；②与缓倾斜煤层充填开采相比，由于岩层沿层理面法向应力较小，离层发展相对缓慢，离层带宽度略大于缓倾斜煤层，随着工作面推进，离层闭合所需时间长于缓倾斜煤层；③随着工作面的采煤、充填，在工作面斜上方测点的支撑压力起初没有发生较大变化，随着直接顶和基本顶发生离层，上覆岩层逐渐压实，顶板岩层的支撑压力呈升高趋势，最大支撑压力出现在直接顶岩层中，支撑压力未出现阶段性周期变化，模型的整体矿压显现不明显。

第二节 矸石局部充填物理相似模拟实验

本次矸石局部充填物理相似材料模型实验是在有限元三维数值模拟软件模拟研究的基础上建立相似材料模型，通过相似材料模拟实验对数值计算的准确性进行验证，取数值模拟模型基准值建立相似材料模型。通过分析实验模型的顶板岩层的垮落范围、垮落高度、垂直位移是否与数值模拟吻合。

一、相似模拟方案

1. 实验技术参数

根据3221地质资料（表5-4），选取河砂、煤灰作为骨料，石膏、大白粉作为黏结材料，8~20目的云母粉为分层材料，由相似理论确定的相似条件（p表示原型，m表示模型）为容重相似常数：$C_r = \dfrac{\gamma_p}{\gamma_m} = \dfrac{2500}{1600} = 1.6$；应力相似常数：$C_\sigma = \dfrac{\sigma_p}{\sigma_m} = C_\gamma \cdot C_1 = 80$；容重相似常数：$C_F = \dfrac{F_p}{F_m} = C_\sigma \cdot C_1^2 = 2 \times 10^5$；时间相似常数：$C_\tau = \sqrt{C_1} = \sqrt{50}$。

表5-4 工作面基本参数

走向长度/m	倾向长度/m	煤层厚度/m	煤层倾角/(°)	煤层结构	可采指数	煤层稳定程度
$\dfrac{623.5 \sim 716.8}{253}$	80	$\dfrac{3.07 \sim 3.56}{3.2}$	$\dfrac{36 \sim 42}{40}$	简单	1.00	稳定

根据模型与原型各参数之间的相似关系，不同岩性的岩层选择不同的相似材料配比，见表5-5。

表5-5 相似材料配比（几何相似比1:50）

序号	顶底板名称	煤岩名称	煤岩厚度/m	模型厚度/cm	配比（河砂、石膏、大白）
1	覆岩	砂质泥岩	18.30	36.60	737
2	覆岩	泥灰岩	18.60	37.20	755

表 5-5（续）

序号	顶底板名称	煤岩名称	煤岩厚度/m	模型厚度/cm	配比（河砂、石膏、大白）
3	覆岩	砂质泥岩	5.62	11.24	737
4	覆岩	细砂岩	4.65	9.30	846
5	覆岩	粉砂岩	3.92	7.84	728
6	覆岩	砂质泥岩	3.58	7.16	737
7	覆岩	泥岩	2.50	5.00	728
8	基本顶	泥灰岩	7.20	14.40	755
9	直接顶	砂质泥岩	8.60	17.20	737
10	K_1 煤层	K_1 煤	3.20	6.40	21:1:2:21（粉煤灰）
11	直接底	泥岩	5.30	10.60	737
12	基本底	砂岩	4.40	8.80	746
13	底板岩层	泥灰岩	52.00	104.00	755

图 5-7　光学全站仪

2. 测试方法

本实验采用的主要测试方法有：在煤层底板铺设无线压力传感器，监测在开挖过程中工作面左右两端煤柱支撑压力以及充填以后充填区域的压力；采用 RENTAX R-322NX 型光学全站仪（图 5-7）监测上覆岩层位移；采用模型支架测定工作面支护阻力，所有传输的数据由计算机数据采集系统分别监测。

3. 局部充填开采实验模型

本次实验主要研究覆岩在倾向方向上的运移规律，选用二维实验模型可变角度实验架子，采煤方法采用上行开采，每次上行开挖一个支架宽度就会安装一个支架，给予一定的初撑力，本次实验共安装支架 29 架，如图 5-8 所示。

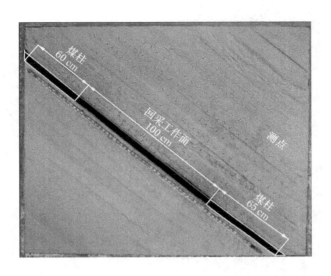

图 5 - 8　实验模型图

二、实验结果分析

1. 工作面支架安装

工作面受到倾角影响，采用上行开采的采煤方法，支架在安装过程中由工作面下端口开始安装，支架初撑力为 1.5 ～ 2.0 MPa，使支架能够稳定地支护顶板及上覆岩层，整个安装支架过程都是随采随安装。如图 5 - 9 所示。

2. 数据分析

工作面矸石局部充填采用随移架随充填的方法，实验选取的充填材料为泡沫板，此充填材料除具有一定强度外还具有可压缩性，很好地模拟了矸石充填的特性。由工作面下端口开始快速移架，每移一架支架便充填一块充填体，充填长度为工作面的 1/3，如图 5 - 10 所示。充填完成后快速撤掉剩余全部支架。如图 5 - 11 所示。

在撤掉工作面全部支架后，直接顶首先出现了裂隙，随后裂隙不断向上发育，在裂隙发育的过程中，直接顶出现第一次垮落，垮落高度为 6.5 cm，实际垮落高度为 3.25 m，垮落长度为 70 cm，实际垮落长度为 35 m，且垮落顶板在未充填区域中部折断。在靠近未充填区域一侧的充填体出现了一定的压缩量，且在

(a) 工作面安装3个支架

(b) 工作面安装12个支架

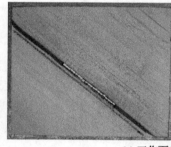
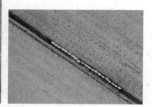

(c) 工作面安装21个支架

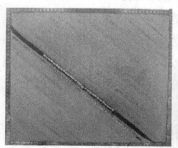

(d) 工作面支架安装完成

图 5 – 9　支架安装过程

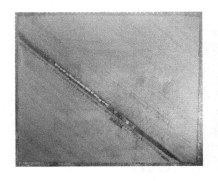

图 5 - 10　工作面局部充填完成

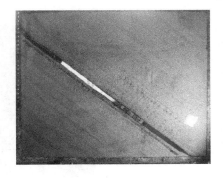

图 5 - 11　工作面完成后全部移架

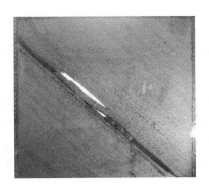

图 5 - 12　顶板第一次垮落

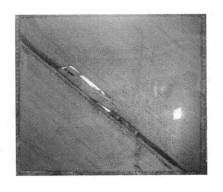

图 5 - 13　顶板第二次垮落

图 5 - 14　顶板第三次垮落

图 5 - 15　顶板第四次垮落

图 5 - 16　顶板第五次垮落

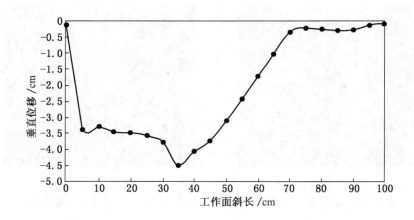

图 5 - 17　覆岩倾斜方向垂直位移

工作面未充填区域的下部垮落顶板沿充填区域出现裂隙发育。随着裂隙不断发育，工作面顶板出现第二次垮落，垮落高度为 12 cm，实际垮落高度为 6 m，垮落长度为 56 cm，实际垮落长度为 28 m，顶板在第二次垮落过程中受到倾角影响，顶板上部区域顶板岩层出现水平滑移现象。工作面顶板岩层出现第三次垮落，垮落高度为 17 cm，实际垮落高度为 8.5 m，垮落长度为 50 cm，实际垮落长度为 25 m。在第三次垮落过程中，由于受到煤层倾角影响，最大位移出现在未充填区域中部偏下的位置。工作面顶板岩层出现第四次垮落，垮落高度为 21 cm，实际垮落高度为 10.5 m，垮落长度为 40 cm，实际垮落长度为 20 m。工作面顶板岩层出现第五次垮落,垮落高度为 24 cm,实际垮落高度为 12 m,垮落长度为 27 cm,实际垮落长度为 13.5 m。在顶板岩层第五次垮落以后,覆岩只出现裂隙发育,并未继续发生顶板岩层垮落现象。如图 5－12～图 5－17 所示。

3. 实验结论

实验采用的是平面模型,没有实际意义上的煤壁前方及开切眼后方煤柱,所以不存在走向方向上煤柱支撑压力。由于本次实验模拟急倾斜煤层矸石局部充填开采,充填区域为工作面长度的 1/3,在撤掉全部支架后,顶板岩层共经历了 5 次垮落过程,顶板岩层垮落范围只出现在未充填区域,垮落形成的轮廓呈现拱形,且工作面上部垮落的范围大于工作面未充填区域的下部,在工作面上部顶板岩层沿工作面长度方向的垮落轮廓呈现明显的梯阶状,而靠近充填区域的一侧顶板只出现弯曲折断的现象。

随着顶板岩层不断垮落,矸石局部充填能够有效地控制顶板向下滑移的现象,顶板垮落后形成结构,形成垮落顶板中间低、两边高的形式,两边的垮落顶板有效抑制了覆岩垮落,所有顶板岩层垮落步距随着垮落高度的增大而减小。

通过对比,数值模拟与相似模拟实验结果非常吻合,证明可以通过数值模拟的方法研究多种充填条件下顶板岩层及覆岩的运移规律。

第六章　急倾斜煤层充填开采设计

本章以试验矿井工程地质条件应用充填开采方案进行设计，确定了采区巷道布置方式及回采顺序，设计了具体充填运输路线，而后选择耙斗绞车＋带式输送机的充填工艺。最后对最佳充填距离进行计算，制定了充填方案，并对应用效果、现场实测、经济效益、社会效益进行了分析。

第一节　柔性掩护式支架充填开采设计

一、工程背景

1. 地理位置

木城涧煤矿大台井位于北京市门头沟区大台地区。井田沿东西向清水河干涸河床绵延 10 余千米，南北宽 0.96 km，井田面积约 10.47 km²，呈狭长条带状，地形总体呈西高东低的态势，地表多为山体。矿区地下水类型属层间裂隙水为主，以大气降水为主要补充水源。井田西界为草场沟，东界为老峪湾沟，南界为玄武岩，北界为 −410 m 水平最上部可采煤层的地面投影线。永定门—木城涧铁路和门头沟—木城涧公路途经该矿井，交通较为便利。

2. 煤层赋存情况

井田内的含煤地层包括侏罗纪和石炭二叠纪两个地层，总含煤 15 层。目前矿井以侏罗纪煤层开采为主，煤质为中灰、特低硫优质无烟煤。80% 左右的商品煤作为民用燃料，部分商品煤作为冶金、化工的燃料或原料，有少量的优质煤出口到日本等国家。煤层总厚度为 1.39 ~ 31.12 m，平均煤层总厚度为 14.78 m，含煤系数为 1.11% ~ 10.64%，平均为 5.45%，其中可采煤层为 11 层，平均厚度为 11.51 m，含煤系数平均为 4.05%。厚煤层、中厚煤层和薄煤层分别占总储量的 15%、60% 和 25%。本井田大部分煤层为较稳定煤层，即一、三、五、南八、北八、十、十一、十二槽为较稳定煤层，储量占总储量的 74%；四槽、六槽为稳定煤层,占总储量的20%;小四槽、十三槽为不稳定煤层,占总储量的6%。矿井共有9个开采水平,其中-10 m水平以上的4个水平已开采结束,剩余4个生产水平(-110 m、-210 m、-310 m、-410 m)和1个开拓水平(-510 m)。

3. 地质构造

大台井田的构造形态主要表现为断层构造和倒转构造,井田西部多断层切割,呈单斜构造。井田东部地层倾角变化较大,变化范围为70°~90°,局部地区发生倒转。地层总体走向由北向东54°~70°,地层倾角为40°~90°,并由东向西逐渐变缓。

断层构造在本井田内分布较广,在实际生产过程中共揭露48条对采掘影响较大的断层,分为北西向断层、北东向断层、南行共轭断层、北行共轭断层4类,其中断距在3~15 m的小断层居多,共有35条,延展范围为50~200 m;断距大于20 m的断层共有13条,延展范围为400~800 m。这些断层对煤厚、煤质以及掘进和回采工作影响较小。

倒转构造主要分布在西洼断层至清水涧之间4 km范围内的上部地层,构造倾向由南向东,倒转轴标高+170~-156 m,整体走势为西高东低,并在东八石门处急剧翘起。三槽煤位于此倒转构造的影响范围以内,以顶板变质岩的影响最为严重。

二、充填开采方案设计

1. 概述

选择-410 m水平西四采区作为急倾斜充填开采首采区,采区上至-210 m水平采空区下边界,下至-407 m标高线,东至西洼断层,西至潘涧沟断层,位于工业广场煤柱西部。工作面平均走向长1130 m,倾斜长度200 m,面积243748 m²。本区域上水平635,637,639,641,643和645工作面已回采完毕,-310 m水平西二、西三、西四采区未开拓。

所采煤层为五槽煤层。该煤层为单斜构造,属急倾斜煤层。最大倾角为75°,最小倾角为66°,平均倾角为68°,倾向NW。该煤层上部以半暗型煤为主,下部为光亮型及半亮型,光泽为强钢灰色,五槽煤厚在1.45~2.6 m,平均煤厚为1.9 m。煤层中间有1~2层夹矸,夹矸厚度在0.1~0.05 m,预计平均夹矸厚为0.05 m。西四采区五槽煤工业储量为21.47万t,可采储量为17.18万t。综合柱状图如图 6-1 所示。

地质时代	柱状 1:200	层厚/m	岩石名称	岩性描述
侏罗纪		10	粉砂岩	灰黑色，矽质胶结
		0.1	煤	黑色，半亮型
		8	粉砂岩	黑色，半亮型
		0.25	炭质粉砂岩	灰黑色，泥质胶结
		1.3(0.05)0.6	五槽煤	黑色，半亮型
		0.32	炭质粉砂岩	灰黑色，泥质胶结
		7.5	粉砂岩	灰黑色，矽质胶结
		0.02	煤	黑色，半亮型
		12	粉砂岩	灰黑色，矽质胶结

图 6-1 综合柱状图

采区内地质构造比较发育，东部有 F3 断层存在，产状 NE8°，倾角为 82°，预计断距为 8~11 m，西部有潘洞沟断层存在，产状 NE148°，倾角为 80°，断距为 20~65 m，工作面有 F 断层，产状 NE20°，倾角为 66°，断距为 0.4~3.8 m；-210 m 水平西五采区有小断层 F1，产状 NE168°，倾角为 68°，断距为 0.7 m。采区瓦斯涌出量较低，属低瓦斯矿井；水文地质条件较简单，受 -210 m 水平采空区影响，有少量裂隙水；煤尘无爆炸危害，煤层无自燃倾向。

2. 充填开采方法选择

应用急倾斜煤层充填开采方法适用性评价模型对大台井 -410 m 水平西

四采区的充填开采方法进行选择。根据该采区的地质特征和煤矿现有的技术设备能力，确定 4 种备选充填开采方法，采用急倾斜煤层充填开采方法适用性评价模型对这 4 种方法进行评价。根据西四采区五槽煤的基本情况，组织专家分别对四种备选充填采煤法的各项指标进行评判，汇总评判结果见表 6－1。

表6－1　专家评判等级结果汇总

一级因素	二级因素	伪斜工作面走向长壁充填采煤法				掩护支架充填采煤法				斜坡柔性掩护支架充填采煤法				急倾斜注浆充填采煤法			
		好	较好	一般	差	好	较好	一般	差	好	较好	一般	差	好	较好	一般	差
地质因素	煤层倾角	3	2			3	2			4	1			3	1	1	
	开采厚度	3	2			4	1			4	1			2	2	1	
	开采深度	1	2	2		3	2			3	1	1		2	3		
	煤层结构稳定性	2	1	2		3	2			3	2			3	2		
	煤层顶底板条件	1	3	1		2	2	1		4	1			3	2		
	水文地质		1							3	2					2	3
技术经济因素	工艺复杂程度	2		2			2	1	2	2	2	1				3	2
	充填巷维护难度		3	2			2	3			3	1	1			3	2
	控顶距	1	1	3		3	2			4	1			3	2		
	掘进率	2	2	1				1	4	3	1	1		1	1	3	
	工效		2	2	1	1	3	1		1	3	1				2	3
	工作面产量		1		4	4	1			4	1				2	1	2
	煤炭采出率	3	2				2		3	3		2		4	1		
	设备资金投入	2	3			1	3	1		2	2	1			1	2	2
安全因素	作业安全性			1	4	3	2			4	1			1	2	2	
	煤层自燃发火	2	2	1			2	3		2	1	2		3	2		
	煤尘爆炸指数	4	1			4	1			4	1			4	1		

表 6 – 1（续）

一级因素	二级因素	伪斜工作面走向长壁充填采煤法				掩护支架充填采煤法				斜坡柔性掩护支架充填采煤法				急倾斜注浆充填采煤法			
		好	较好	一般	差	好	较好	一般	差	好	较好	一般	差	好	较好	一般	差
其他影响因素	充填体强度		2	3			2	3			2	2	1	4	1		
	充填与回采间隔时间	2	3			2	3			2	3			1	2	2	

对表 6 – 1 进行整理，得出 4 种备选充填采煤法的综合评价矩阵，伪斜工作面走向长壁充填采煤法相对于 4 个复合评价因素的综合评价矩阵为

$$R_1 = \begin{bmatrix} 0.6 & 0.4 & 0 & 0 \\ 0.6 & 0.4 & 0 & 0 \\ 0.2 & 0.4 & 0.4 & 0 \\ 0.4 & 0.2 & 0.4 & 0 \\ 0.2 & 0.6 & 0.2 & 0 \\ 0 & 0.2 & 0.4 & 0.4 \end{bmatrix} \qquad R_2 = \begin{bmatrix} 0.4 & 0.2 & 0.4 & 0 \\ 0 & 0.6 & 0.4 & 0 \\ 0.2 & 0.2 & 0.6 & 0 \\ 0.4 & 0.4 & 0.2 & 0 \\ 0 & 0.2 & 0 & 0.8 \\ 0 & 0.6 & 0.2 & 0.2 \\ 0.6 & 0.2 & 0.2 & 0 \\ 0.4 & 0.6 & 0 & 0 \end{bmatrix}$$

$$R_3 = \begin{bmatrix} 0 & 0 & 0.2 & 0.8 \\ 0.4 & 0.4 & 0.2 & 0 \\ 0.8 & 0.2 & 0 & 0 \end{bmatrix} \qquad R_4 = \begin{bmatrix} 0 & 0.4 & 0.6 & 0 \\ 0.4 & 0.6 & 0 & 0 \end{bmatrix}$$

掩护支架充填采煤法的综合评价矩阵为

$$R_1 = \begin{bmatrix} 0.6 & 0.4 & 0 & 0 \\ 0.8 & 0.2 & 0 & 0 \\ 0.6 & 0.4 & 0 & 0 \\ 0.6 & 0.4 & 0 & 0 \\ 0.4 & 0.4 & 0.2 & 0 \\ 0.6 & 0.4 & 0 & 0 \end{bmatrix} \qquad R_2 = \begin{bmatrix} 0 & 0.4 & 0.2 & 0.4 \\ 0 & 0.4 & 0.6 & 0 \\ 0.6 & 0.4 & 0 & 0 \\ 0 & 0 & 0.2 & 0.8 \\ 0.8 & 0.2 & 0 & 0 \\ 0.2 & 0.6 & 0.2 & 0 \\ 0.4 & 0.2 & 0.4 & 0 \\ 0.2 & 0.6 & 0.2 & 0 \end{bmatrix}$$

$$R_3 = \begin{bmatrix} 0.6 & 0.4 & 0 & 0 \\ 0.4 & 0.6 & 0 & 0 \\ 0.8 & 0.2 & 0 & 0 \end{bmatrix} \qquad R_4 = \begin{bmatrix} 0 & 0.4 & 0.6 & 0 \\ 0.4 & 0.6 & 0 & 0 \end{bmatrix}$$

斜坡柔性掩护支架充填采煤法的综合评价矩阵为

$$R_1 = \begin{bmatrix} 0.8 & 0.2 & 0 & 0 \\ 0.8 & 0.2 & 0 & 0 \\ 0.6 & 0.2 & 0.2 & 0 \\ 0.6 & 0.4 & 0 & 0 \\ 0.8 & 0.2 & 0 & 0 \\ 0.6 & 0.4 & 0 & 0 \end{bmatrix} \qquad R_2 = \begin{bmatrix} 0.4 & 0.4 & 0.2 & 0 \\ 0 & 0.6 & 0.2 & 0.2 \\ 0.8 & 0.2 & 0 & 0 \\ 0.6 & 0.2 & 0.2 & 0 \\ 0.8 & 0.2 & 0 & 0 \\ 0.2 & 0.6 & 0.2 & 0 \\ 0.6 & 0 & 0.4 & 0 \\ 0.4 & 0.4 & 0.2 & 0 \end{bmatrix}$$

$$R_3 = \begin{bmatrix} 0.8 & 0.2 & 0 & 0 \\ 0.4 & 0.2 & 0.4 & 0 \\ 0.8 & 0.2 & 0 & 0 \end{bmatrix} \qquad R_4 = \begin{bmatrix} 0 & 0.4 & 0.4 & 0.2 \\ 0.4 & 0.6 & 0 & 0 \end{bmatrix}$$

急倾斜注浆充填采煤法的综合评价矩阵为

$$R_1 = \begin{bmatrix} 0.6 & 0.2 & 0.2 & 0 \\ 0.4 & 0.4 & 0.2 & 0 \\ 0.4 & 0.6 & 0 & 0 \\ 0.6 & 0.4 & 0 & 0 \\ 0.6 & 0.4 & 0 & 0 \\ 0 & 0.4 & 0.6 & 0 \end{bmatrix} \qquad R_2 = \begin{bmatrix} 0 & 0 & 0.6 & 0.4 \\ 0 & 0.6 & 0.4 & 0 \\ 0.6 & 0.4 & 0 & 0 \\ 0.2 & 0.2 & 0.6 & 0 \\ 0 & 0.4 & 0.2 & 0.4 \\ 0 & 0.4 & 0.6 & 0 \\ 0.8 & 0.2 & 0 & 0 \\ 0 & 0.2 & 0.4 & 0.4 \end{bmatrix}$$

$$R_3 = \begin{bmatrix} 0.2 & 0.4 & 0.4 & 0 \\ 0.6 & 0.4 & 0 & 0 \\ 0.8 & 0.2 & 0 & 0 \end{bmatrix} \qquad R_4 = \begin{bmatrix} 0.8 & 0.2 & 0 & 0 \\ 0.2 & 0.4 & 0.4 & 0 \end{bmatrix}$$

将各备选方案的评价矩阵代入适用性急倾斜煤层充填采煤法综合评价模型进行计算，各备选充填采煤法的评价得分见表6-2。

由表6-2可以看出，斜坡柔性掩护支架充填采煤法的综合评价得分最高，为75.62分，说明这种采煤法对大台目标煤层地质条件的适应性最强，适应程度

表6-2 备选充填采煤法的综合评价得分

充填采煤法	伪斜工作面走向长壁充填采煤法	掩护支架充填采煤法	斜坡柔性掩护支架充填采煤法	急倾斜注浆充填采煤法
评价得分	59.5	70.72	75.62	64.04

为Ⅱ级；掩护支架充填采煤法次之，为70.72分；伪斜工作面走向长壁充填采煤法得分最低，适应程度为Ⅲ级，说明这种方法的适应性较低。因此，选择斜坡柔性掩护支架充填采煤法对木城涧煤矿大台井－410 m水平西四采区进行回采最为合理。

3. 充填开采工作面布置

在选择斜坡柔性掩护支架充填采煤法后，根据该采煤法的巷道布置特点以及采区内断层、褶曲等地质构造的位置，对－410 m水平西四采区巷道进行布置。由－410 m水平轨道运输巷掘石门进入煤层，沿煤层开掘采区运输平巷，同时由上水平运输巷掘轨道石门，沿25°倾角掘透煤斜坡见煤，见煤后沿煤层掘回风平巷，兼作矸石充填巷使用。由于该巷道兼作回风和运料使用，巷道内布置设备较多，需要扩2 m宽的底板巷。将采区布置为5个采煤带，分别为1~5号仓，在运输巷开拓完成后，首先沿运输巷沿23°角向西掘进2号仓斜坡运输巷，掘至采区边界后向东掘2号仓开切巷，与回风巷贯通，形成通风系统。然后按照由1号

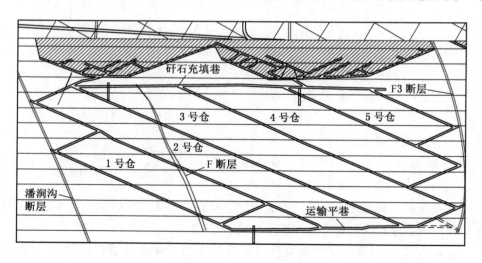

图6-2 采区巷道布置图

至 5 号的顺序掘进其他斜坡运输及开切巷。巷道布置如图 6 - 2 所示。

巷道布置完成后，首先布置 2 号仓开切巷对 2 号仓进行回采。当工作面上端头与 3 号仓连通后，接续柔性掩护支架到 3 号仓，对 2、3 号仓同时开采。当工作面下端头与 1 号仓开切眼贯通后，接续支架，对 1、2、3 号仓同时开采，最终实现对 5 个仓的同时回采。各仓煤厚及储量见表 6 - 3。

表 6 - 3　西四采区各仓煤厚及储量

采煤带名称	回采顺序	平均煤厚/ m	倾向长度/ m	工业储量/ 万 t	可采储量/ 万 t
1 号仓	3	1.80	230	2.16	1.72
2 号仓	1	1.95	309	4.23	3.38
3 号仓	2	1.90	451	7.63	6.10
4 号仓	4	1.80	317	3.93	3.15
5 号仓	5	1.75	138	3.53	2.82
合计	—	9.20	1445	21.48	17.17

4. 采煤方法及采煤工艺

根据煤层赋存条件和实际揭露的煤层情况，采用斜坡柔性掩护支架采煤法。工作面采煤工艺包括打眼爆破落煤、人工攉煤、调整下放支架、拆除延续支架等。为了减小采煤台阶的高度，工作面采用每 10 m 一个循环的排炮落煤方式，循环进度为 1.6 m，这样可以避免矸石由工作面台阶处支架三角区漏入工作面。随着煤炭的采出，柔性掩护支架在自重和上部充填矸石的压应力作用下逐步向下移动，利用迈步支撑控制支架的沉降速度、沉降位置并调整支架形态。

工作面选用 11 号工字钢加工的 1.6 m 柔性掩护支架进行支护。支架间采用背板背紧，防止上部矸石漏入工作面，采用 6 根直径为 26 ~ 28 mm 的钢丝绳将支架连接成一个柔性掩护整体，由此将采空区的矸石与采场空间隔开。为了保证矸石回风巷的服务时间，整体采用锚网喷的支护形式。

三、充填工艺研究

1. 矸石运输线路

矸石充填线路如图 6 - 3 所示，各水平掘进矸石由侧卸式矿车运输至 - 210 m

水平运输大巷，经 −210 m 水平西四石门、透煤斜坡刮板输送机转载进入采区回风巷，由布置在充填巷中的吊挂带式输送机运送到充填点，矸石充入采空区后依靠支架下放、煤层倾角和矸石自重使矸石自溜下滑至充填部位。

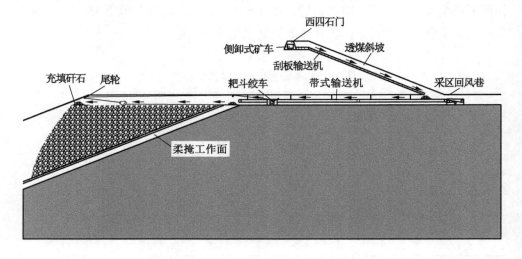

图 6 − 3　矸石充填线路

2. 充填工艺及设备布置

采用耙斗绞车 + 带式输送机的充填工艺，带式输送机尾轮布置在距上端头 5 ~ 10 m 处，耙斗绞车布置在煤巷一侧距带式输送机机尾的后侧约 5 m 处，沿回风巷从上端头开始每隔 20 m 在顶板侧打一个吊装锚杆安装导向滑轮，随着工作面向前推进，缩短带式输送机长度并后移耙斗绞车，上仓头至充填点 20 m 时更换充填点。

工作面采用随采随充的充填工艺，可以避免工作面向前推进过程中，采空区空顶面积增大，采空区内顶底板由于没有充填矸石的支撑而可能产生大面积垮落，垮落矸石堆积在采空区，从而减少了矸石充填量，不能达到大量消耗井下矸石的目的。随着工作面向前推进，耙斗绞车后移，由于耙斗绞车尾轮布置在采空区回风平巷顶板上，理论上，当采空区充满矸石后，可以有效地保证回风平巷顶板围岩的稳定。矸石充填各阶段示意图如图 6 − 4 ~ 图 6 − 6 所示。

3. 最佳充填距计算

根据大台西四采区充填工艺和工作面布置情况，运用最佳充填距离计算公式

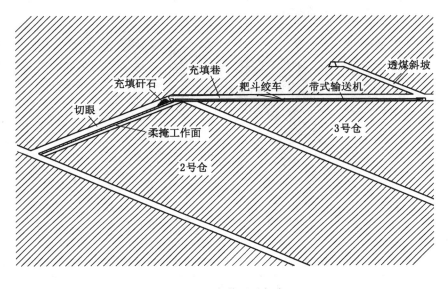

图 6-4　充填开采初期

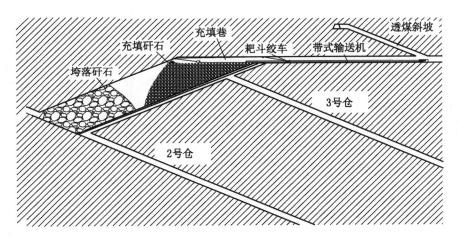

图 6-5　2、3 号仓同时回采

对工作面不同开采时期的最佳充填距离进行计算。工作面的初始垂高为 20 m，工作面伪斜角为 25°，斜坡运输巷角度为 23°，绞车尾轮移动距离为 20 m，由此可以推算出不同时期最佳充填距离，见表 6-4。

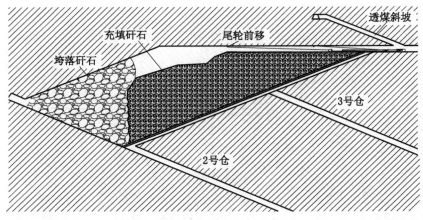

图6-6 尾轮前移充填示意图

表6-4 不同开采阶段工作面最佳充填距离   m

推进距离	20	40	60	80	100	120	140	160	180	200
最佳充填距离	>72.4	>81.9	>91.5	>101	>110.5	>120.1	>129.6	>139.1	>148.7	>158.2

由表6-4可知，工作面每推进20 m，最佳充填距离就会增大9.5 m，按初始充填距离80 m计算，当工作面推进40 m时，便小于最佳充填距离，不能达到最好的充填效果。因此需要根据推进距离调整每次尾轮的移动距离，每推进20 m将充填距离增加10 m，也就是工作面每向前推进20 m，尾轮前移10 m。当充填距离超出耙斗绞车的最远行程120 m时，则以绞车的最远行程作为充填距离。

4. 主要生产系统设计

1）通风系统

新风：-410 m水平运输大巷→-410 m水平西四采区石门→采区运输巷→运煤斜坡→采煤工作面。

乏风：采煤工作面→采区回风巷→透煤斜坡→-210 m水平西四石门→-210 m水平西四通风斜坡。

2）运输系统

工作面爆破落煤→攉煤→斜坡溜槽→刮板输送机→石门装车→水平煤仓→矿车运输→-410 m水平井底车场。

3）运料系统

－210 m 水平井底车场→矿车运输→－210 m 水平西四石门→透煤斜坡→采区回风巷→人力运输→采煤工作面。

4）运矸系统

各水平掘进矸石→侧卸式矿车→－210 m 水平西四石门→透煤斜坡刮板输送机→回风巷带式输送机→工作面上仓头充填点。

四、应用效果及现场观测

1. 矸石充填效果分析

大台－410 m 水平西四采区经过 8 个月的现场充填试验，取得了较好的效果，下面分别对矸石充填效果进行分析。急倾斜矸石充填工作面各阶段采出煤量和充填矸石量对比见表 6－5。

表6-5　采煤量与充填矸石量统计表

时　　间	采出煤量 （车数）/车	充填矸石量 （车数）/车	采出煤量/ m³	充填矸石量/ m³	采充比/ %
第 1 个月	483	398	869.4	636.8	73.25
第 2 个月	1465	1097	2637.0	1755.2	66.56
第 3 个月	1447	979	2604.6	1566.4	60.14
第 4 个月	726	535	1306.8	856.0	65.50
第 5 个月	1148	249	2066.4	398.4	19.28
第 6 个月	1448	192	2606.4	307.2	11.79
第 7 个月	791	183	1423.8	292.8	20.56
第 8 个月	1281	433	2305.8	692.8	30.05
合计	8789	4066	15820.2	6505.6	41.12

由表 6－5 可以看出，在回采的前 4 个月，矸石充填率保持在 60% 以上，取得了较好的充填效果，截止到第 4 个月末，总采出煤量为 7417.8 m³，充填矸石量为 4814.4 m³，充填率达到 64.9%，工作面基本实现了采—充平衡，在耙斗绞车的耙矸范围内，采空区实现了完全充填。最高月产量达到 4746.6 t，经济效益显著。

进入第 5 个月以后，工作面进入断层构造带，断层以下的矸石受到断层阻隔停止下移，同时由于最佳充填距离已经超过耙斗绞车的最大行程，充填区域以外的矸石仍然缓慢下沉，致使矸石充填率下降明显。由第 6 个月统计结果可以看出，该月的矸石充填率达到最低值，仅为 11.79%。随着工作面推采，工作面受断层影响区范围逐渐减小，矸石向下移动趋势增大，矸石充填率随之不断提高，在第 8 个月已经升至 30.05%。最终对采煤量和矸石量进行统计，得出 8 个月的采煤总量为 8789 车，矸石量 4066 车，经换算，采出煤量约为 15820.2 m³，充入矸石量约为 6505.6 m³，总体充填率为 41.12%。

2. 矿压及巷道变形观测

1）工作面矿压观测

工作面采用斜坡柔性掩护支架采煤法开采，经现场观测，工作面中支撑柔性掩护支架架角的横撑和立撑未出现漏液现象，工作面矿压显现不明显，由于煤层倾角较大，没有出现明显的周期来压现象。

由于采用矸石充填采空区，大量矸石堆积在柔掩支架上方，根据现场观测，柔掩支架在上方矸石的压力作用下未出现弯曲变形或支架断裂现象，工作面推采过程中，支架下移平稳，由于在工作面台阶处三角区采取了适当的防护措施，未出现漏矸现象。

2）巷道变形观测

在采区运输平巷和回风巷布置观测站，对巷道两帮及顶底板位移量进行观测。运输平巷的观测站布置在 −410 m 水平西四石门以西 10 m 左右位置，由于开采初期工作面距离运输巷较远，在此仅作参考。回风巷的观测站布置超前工作面50 m 处。在观测站安装调试完成后，对巷道两帮及顶底板的初始位置进行测量，而后随着工作面的推进，每天对位移值进行观测，对观测结果进行统计得出运输平巷和矸石充填巷的移进量数据，见表 6-6。

表 6-6 巷 道 围 岩 变 形 量

采区运输巷变形量			矸石充填巷变形量		
距工作面上端头水平距离/m	两帮移进量/mm	顶底板移进量/mm	距工作面上端头距离/m	两帮移进量/mm	顶底板移进量/mm
2	50	65	1	105	80
3	45	50	2	110	70

表 6-6（续）

采区运输巷变形量			矸石充填巷变形量		
距工作面上端头水平距离/m	两帮移进量/mm	顶底板移进量/mm	距工作面上端头距离/m	两帮移进量/mm	顶底板移进量/mm
5	45	65	3	95	85
7	30	55	4	100	80
8	50	55	6	80	90
10	40	50	7	125	75
12	35	60	8	110	60
13	45	50	10	90	75
15	40	35	12	80	70
17	30	40	13	90	55
18	35	50	15	80	60
20	30	40	16	70	50
22	25	30	17	70	55
25	30	45	19	60	40
28	25	40	22	50	45
31	20	35	24	60	35
47	15	20	26	55	30
64	15	10	29	40	40
83	10	10	33	50	45
101	10	5	35	40	30
117	5	10	39	30	30
133	5	0	42	35	20
150	10	5	45	25	20
169	5	0	47	15	10
192	0	5	49	5	5
210	0	0	51	10	5

　　根据表 6-6，可以得出运输巷、回风巷围岩移进量与距工作面距离间的变化曲线，如图 6-7、图 6-8 所示。

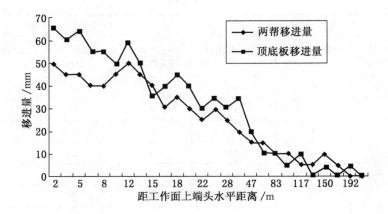

图6-7 运输巷围岩变形曲线图

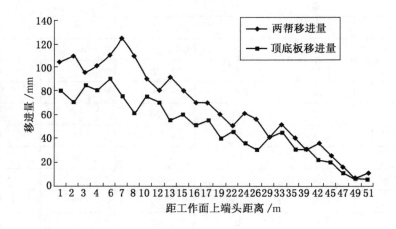

图6-8 回风巷围岩变形曲线图

对图6-7、图6-8进行分析，可以得出以下规律：

（1）由于斜坡柔性掩护支架采煤法运输巷距离工作面较远，运输巷顶底板及两帮围岩受回采影响程度相对较低。运输巷在距离工作面较近时围岩移进量较大，当远离工作面一定距离后（本工作面为47 m），采动对巷道基本没有影响。

（2）回风巷与运输巷顶底板和两帮移进量受采动的变化方向一致，在距离工作面上端头一定距离时（本工作面为 7 ~ 8 m），采动对巷道两帮及顶底板围岩的影响最大，主要原因是由于充填体支撑采空区顶底板，使支撑压力区向工作面前方移动，因此在超前工作面一定距离的巷道围岩变形较大，但巷道变形仍在可控范围内。

（3）运输巷和回风巷顶底板及两帮围岩都有一定的移进量，但相对于垮落法开采而言，移进量仍然很小，不会对巷道整体围岩的稳定性构成威胁。

以上观测结果与第 3 章数值模拟结果基本吻合，验证了数值模拟结果的准确性。

回采初期对采空区一侧回风巷两帮、顶底板变形情况以及采空区充填效果进行观测，现场观测情况如图 6 - 9 所示。

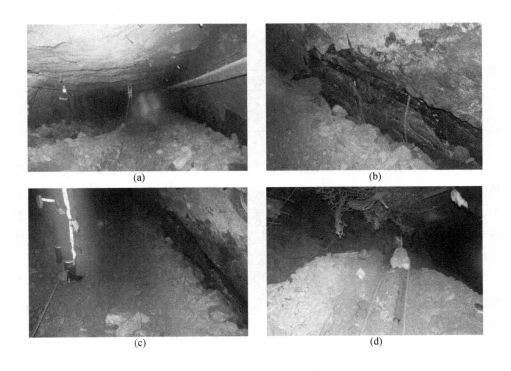

图 6 - 9　采空区一侧回风巷现场观测

如图 6 - 9a 所示，采空区充填巷煤巷一侧顶板出现少量下沉，底板岩巷基本保持完整。底板岩层未出现较大变形，煤层顶板一侧只出现少量片帮

（图6-9b）。在片帮位置出现深约0.5 m、长约3 m的陷坑（图6-9c）。由于回风平巷没有受到采动破坏，因此耙斗绞车的尾轮仍固定在开切眼附近（图6-9d），保持了较高的矸石充填率。

五、经济及社会效益分析

1. 经济效益分析

首先对现阶段充填开采成本进行核算。为了便于对总体经济效益进行核算，在此仅对投产后的生产成本进行核算，不包括初期设备投入和巷道掘进费用。充填开采成本主要由材料消耗费用、人工成本、运矸及充填费用、税费和其他费用四部分组成。截止到第8个月底，工作面推进总长度为170 m，采出煤量为28476 t，对充填开采成本进行统计，各项费用的具体数额见表6-7。

表6-7 充填开采成本核算表   万元

项目	材料消耗费用	人工成本	运矸及充填费用	税费	其他费用	合计
总成本	121.9	249.3	23.2	222.5	290.7	907.6
吨煤成本	0.00428	0.00875	0.00081	0.00781	0.01021	0.03187

而后对初期设备资金投入和巷道掘进支护费用进行计算。设备主要包括柔性掩护支架、带式输送机、侧卸式矿车、耙斗绞车、移动变电站等，设备费用总额为516.8万元。巷道掘进主要包括采区回风巷、采区运输巷、透煤斜坡、运输斜坡和开切眼，掘进支护总费用约为1078.2万元。则两项费用平摊到每吨煤的费用为92.8元，由此可以得出吨煤实际成本为318.7 + 92.8 = 411.5元。

根据对现阶段充填开采成本、初期设备投入和巷道掘进支护费用统计核算结果，对首采区和全部回采经济效益进行分析。吨煤价格按700元计算，则充填开采经济效益见表6-8。

表6-8 充填开采经济效益表   万元

	新增产值	新增利税
首采区	12026	4955.7
全部回采	46920	19335.3

由表 6－8 可以看出，采用矸石充填法开采首采区新增产值 12026 万元，新增利税 4955.7 万元；若将全部规划的滞留煤炭开采完毕，则新增产值 46920 万元，新增利税 19335.3 万元。同时，降低了矸石提升和治理费用，减少了矸石占地费用；由于矸石充填能够有效控制地表移动变形，避免了村庄变迁补偿费用并减少了建筑物损坏赔偿，经济效益十分显著。

2. 社会效益分析

采用矸石充填对急倾斜煤层进行回采的社会效益主要概括为以下几个方面：

（1）提高煤炭资源采出率。采用充填开采可以对建筑物下滞留急倾斜煤层进行回采，加强了对煤炭资源的回收，延长了矿井的服务年限。同时，矸石充填工作面采空区，缓解了矿井副井提升能力，为实现矿井的持续稳定发展奠定了基础。

（2）保护土地资源。减小地表变形破坏，有效地保护了土地资源，对保护耕地和地表建筑物具有重要意义。

（3）减轻环境污染。控制矸石在地表的堆积面积，减少了矸石山对周边居民和工人的安全隐患；减少了污染物的排放，改善了矿区环境。

由此可以看出，斜坡柔性掩护支架充填采煤法取得了较好的应用效果，在回采初期，基本实现了采—充平衡，虽然后期出现矸石下沉缓慢的问题，但整体效果依然较好。由工作面矿压和巷道变形观测结果可知，工作面无明显矿压显现，运输巷和回风巷顶底板及两帮围岩移进量较小，与第 3 章数值模拟结果基本吻合，表明充填矸石达到了控制顶底板移进的目的，对维持巷道整体围岩的稳定起到了重要作用。急倾斜煤层充填开采能够提高煤炭资源采出率、保护土地资源、减轻环境污染，对木城涧煤矿大台井的经济效益和社会效益提升十分显著。

第二节　矸石自溜充填开采设计

从静力学分析，矸石自溜充填要求煤层的最小倾角为：实际上硬度不同的岩石与岩层面间的摩擦系数是不同的，对于坚硬岩石，摩擦系数的取值范围为 0.6～0.8，即当煤层倾角大于等于 31°～39°时，即可满足自溜充填条件。从动力学分析，矸石能够自溜还与矸石的块度及初始滚动下滑速度等因素有关，随着滚动效应的增加要求的角度即增大。生产实践证明，为取得较好的充填效果，对于中硬岩层底板，煤层倾角一般以不小于 35°为宜。

当煤层倾角大于45°时，矸石可以实现自溜，当煤层倾角大于35°时，采取一定的措施后也可以实现自溜。对于这种情况可以采取以下措施：

（1）将开采工作面调整为仰斜工作面；

（2）工作面最上端的支架后方架设一段搪瓷溜槽。

本节通过对比不同矸石自溜充填工艺的优缺点，提出一种能够实现连续自溜充填，安全可靠稳定的自移动式矸石自溜充填设备。

一、充填工艺及流程

针对四川某矿3221工作面的特点，如果实现全矿井的矸石充填，充填矸石量大，单纯利用矿车运输，效率低，应当根据需要建立矸石仓，矸石仓及翻矸系统位置的选择首先要便于各处矸石汇集，利于其他充填工作面共用，其次还要便于布置和方便矸石出仓和运输。

在窄长巷道中要实现矸石充填，首先矿车必须是侧卸式的，可以选择普通侧卸式矿车或者是液压侧卸式矿车（推荐），这样可以有效地减轻人工卸载矸石的劳动强度，提高充填效率。矿车在回风平巷中的运输利用对拉绞车或电机车实现。图6-10为矸石自溜充填示意图。

在充填工艺方案的选择中主要考虑以下几种因素：

（1）充填的安全经济性和可行性；

（2）煤炭资源的开采利用与矿井的可持续生产；

（3）开采方法的可行性与现有的生产系统及矿井生产技术相适应；

（4）充填作业不耽误煤炭生产。

最后归纳为以下几种工艺方案：

方案一：侧卸式矿车直接充填。将掘进矸石装入侧卸式矿车，将矸石提升至回风平巷，运入工作面后方，直接卸入采空区。

方案二：输送带连续运输充填。在回风平巷安装带式输送机，输送带一直延伸到采空区上方，并且在最后10 m将输送带加高，输送带尾部接半圆形钢板溜槽。将掘进矸石通过固定矿车运送至矸石仓翻笼处进行翻矸或者采用底卸式矿车进行卸矸，通过矸石仓将矸石卸入带式输送机，利用输送带将矸石运送到后方的钢板溜槽滑入采空区。

方案三：侧卸式矿车＋耙岩机充填。在回风平巷工作面上口设置一台耙岩机，耙岩机尾部接半圆形钢板溜槽，将掘进矸石装入侧卸式矿车提升回风平巷卸

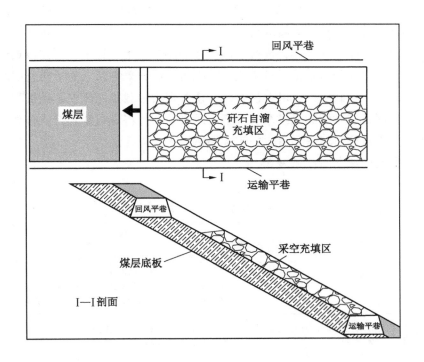

图 6－10　矸石自溜充填示意图

载点，利用耙岩机装岩并运送到后方的钢板溜槽滑入采空区。

方案四：侧卸式矿车＋刮板输送机充填。距离工作面 30 m 远处设置刮板输送机，刮板输送机一直延伸到采空区上方，并且在最后 10 m 将刮板输送机加高，尾部接半圆形钢板溜槽，为了获得更好的矸石自溜初速度和方便操作，刮板输送机最后加高至离底板 1.7 m 的高度。将掘进矸石装入侧卸式矿车提升至回风平巷，倒入刮板输送机，矸石运输到后方的钢板溜槽，滑入采空区。为方便移动可将刮板输送机与钢板溜槽组合成一个框架式整体，进行整体自移动。为了防止矿车侧卸时矸石跑出刮板输送机外，可在矿车侧卸位置刮板输送机两侧安装挡板和引导滑板。

方案五：侧卸式矿车＋带式转载机充填。带式转载机设计的长度为 30 m，并在最后 15 m 输送带开始加高，为了获得更好的矸石自溜初速度和方便操作，输送带最后加高至离底板 1.7 m 的高度，带式转载机后方接半圆形钢板溜槽。先沿采空区卸矸上口掘进一个 30 m 长的坑，坑的高度和宽度按照带式转载机机尾的高度和宽度设计，将带式转载机放入坑中，为方便移动可将带式转载机与钢板溜槽组合成一个框架式整体，进行整体自移动。在移动过程中不断在带式转载机前方掘坑，产生的矸石直接通过带式转载机运至后方采空区。为了防止矿车侧卸时矸石跑出带式转载机外，可在矿车侧卸位置带式转载机两侧安装挡板和引导滑板。将掘进矸石装入侧卸式矿车提升至回风平巷，并将矸石卸入带式转载机，利用带式转载机将矸石运送到后方的钢板溜槽滑入采空区。

各方案的优缺点对比见表 6-9。

表 6-9　各方案的优缺点对比

方案	优　点	缺　点
一	需要设备少，投入少	工人劳动强度大，安全性低，该矿已进行过侧卸式矿车自溜排矸实验，经常出现矿车被侧翻至采空区，造成很大的安全隐患，并且由于矸石初始下滑速度低，大部分矸石堆积在采空区的上角，对后续矸石充填不利
二	工人劳动强度低，矸石运送效率高，安全性高	运送距离远，所需设备和电力消耗较多，并且需要挖掘矸石仓，费用较高
三	充填设备距离工作面近，可以很大程度上节省设备费用，并且工人劳动强度低	效率和安全性较差，设备需要随着工作面的推移向前移动
四	充填设备距离工作面近，可以很大程度上节省设备费用，并且工人劳动强度低，操作安全	设备需要随着工作面的推移向前移动
五	充填设备距离工作面近，可以很大程度上节省设备费用，并且工人劳动强度低，操作安全	设备需要随着工作面的推移向前移动。需要沿掘进底板掘坑

根据以上分析，方案一至方案五在充填工艺技术上是可行的，都适合矿井工作面充填。但是方案一安全性差，方案二初期投入高，巷道断面要求高，方案三的效率和安全性差，本着以安全经济开采为主，方案四中刮板输送机的返修率比输送带高，方案五为首选方案。方案五采用侧卸式矿车运矸、侧卸式矿车卸矸、矸石带式转载机运输、矸石滑入采空区的方式进行充填。流程图如图 6-11 所示。

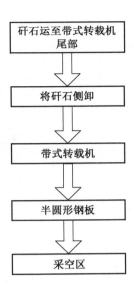

图 6-11 方案五流程图

二、矸石自溜充填设备

为了更加高效地完成矸石充填，提出一种能够连续实现自溜充填，安全可靠稳定的自移动式矸石自溜充填设备。可通过以下方案实现：沿采空区上方至回风平巷掘进一条沟，并将该设备放入沟内，将矸石装入侧卸式矿车并带入回风巷，侧卸至输送带上，通过大功率电滚筒带动输送带，将矸石运至后方，卸入溜槽中，再通过溜槽侧卸至采空区。

本矸石自溜充填设备包括皮带，通过大功率电滚筒带动在滚筒上运行，输送带和滚筒固定在机架上，设备尾部通过可调螺栓下挂卸矸槽实现矸石侧卸自溜入采空区，设备的移动通过一对液压支架来实现，液压支架上端安装有防倒缸，底座安装有移架油缸，支架与机架之间的连接通过推移油缸实现。如图 6-12 所示。

采空区矸石自溜充填是一个非常复杂的工艺过程，在实施工程之前必须认真地做好以下准备工作：

（1）平巷中矸石矿车运输利用对拉绞车运送，机运部门负责安装绞车、乳

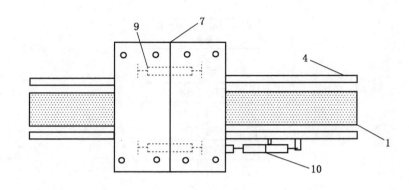

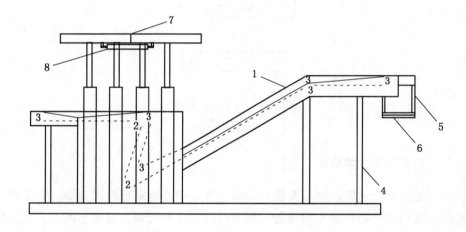

1—输送带；2—大功率电滚筒；3—滚筒；4—机架；5—可调螺栓；6—卸矸槽；

7—液压支架；8—防倒缸；9—移架油缸；10—推移油缸

图 6-12　充填设备示意图

化管、钢绳、立滚、导向滑轮以及绞车电源开关等设备。

（2）通风科负责安装瓦斯监测探头。

（3）做好充填矸石矿车的需要数量、充填矸石的来源及调配方案路线图。

（4）将充填设备安置完毕，并在卸载矸石的采空区上部挂设搪瓷溜槽。

（5）在充填钢板溜槽前方设置遮挡，防止矸石崩出伤人。

（6）成立矸石充填领导小组，认真做好组织实施工作：

① 矸石的来源。充填所需要的矸石由井下掘进队提供，并用液压侧卸式矿

车装车。运输队负责把矸石运至回风巷，并保证矿车侧门是在左手边。然后用插销连环将车串联，同时将 1 号绞车（设置在回风巷口）钢绳插销插在最后一个车上，便于出来时拉空车，再用 2 号绞车的插销插在第一个车前，带入风巷侧翻点。

② 侧卸式矿车进入风巷侧翻点后，由采煤队工人用液压管将矿车连接，采煤队工人用液压管连接侧卸式矿车伸柱装置。连接好后，人员撤到安全区域后才将侧卸式矿车打开卸矸到带式转载机或刮板输送机上，卸完矸后，关闭液压管，打开卸压闸阀，由矿车自动将伸柱杆中的伸压液自动卸掉，让矿车恢复正常。

③ 在采煤队工人撤去连接各矿车间的液压连接管时，用堵头把液压连接管插孔堵上，防止在装运过程中被堵影响卸矸工作。

④ 用信号与风巷口的绞车司机（即 1 号绞车司机）联系，将轻车拉出风巷，同时 2 号绞车司机注意协调放绳，到风巷口后将 2 号绞车的钢绳插销头拔出等待连接重车。

将卸载矸石装入输送带中，矸石通过输送带运输至采空区上方半圆形钢板溜槽，滑入采空区。

第三节　托管注浆充填开采工艺设计

本节根据煤矿的地质条件及日产矸石的数量，设计了一种托管注浆充填开采工艺，日处理矸石量 120 t。井下充填系统主要包含矸石破碎系统、上料搅拌系统、泵送与管路输送系统三部分。充填料由煤矸石、粉煤灰、水泥和水按照一定的配比混合搅拌而成，煤矸石为主要充填材料。适合多种充填方式，不仅解决了安全问题，还对"绿色矿山"发展具有重大的现实意义。

目前某试验矿井的地面仍堆放着大量的矸石，同时采煤、掘进过程中源源不断地产生矸石，而周边的矸石砖厂的消耗量很小，地面矸石排放造成占地及环境污染是长久以来难以克服的难题，采煤工作面采面较深，矸石升井运输距离长、提升占用时间长，降低了煤炭提升效率；地面排矸路线也很长，需用汽车转运，每月汽车费用就达到 20 余万元，年费用达 200 余万元，成本很高，并且随着油价等费用的增加，每年的汽车费用还会增加；该矿井提升能力被矸石提升占据很大一部分，制约着其产能的扩大。

为有效解决上述问题，采用煤矸石井下充填采空区技术，提高矿井煤炭提升效率，避免矸石提升至地面造成环境污染，扩大产能，解决工农矛盾，实现生态矿山建设。

该试验矿井 4086 综采工作面位于 +1030 m 四采区，回风巷北起 +1218 m 石门、运输巷 +1138 m 石门，工作面南止开切眼，下起 +1150.1 m 标高运输巷，上止 +1223.7 m 标高回风巷，其余未开采。回采 8 号层煤，工作面走向长度为 765～769 m，平均长度为 767 m；倾斜长度度为 105～110 m，平均长度为 108 m，倾角为 38°～40°，平均倾角为 39°。该工作面煤层平均采高为 2.0 m，回采面积为 81302 m²，工业储量为 231941 t，回采煤量为 224982 t。准备采用托管注浆充填开采工艺。图 6 – 13 为 4086 工作面综合柱状图。

一、工作面倾角对充填的影响

1. 缓倾角对充填料浆的影响

当采煤工作面倾角为缓倾角（在 25° 以内）时，充填料浆沿工作面向下流动速度慢，充填料浆堆积趋势主要由料浆坍落度决定。本项目充填料浆浓度约 80%，不离析，泌水极少（1% 以内），坍落度为 18～23 cm。料浆经管路末端流出后向下堆积，自重影响较小，料浆堆积在工作面底部宽度小，距离支架远，不影响正常采煤工作的进行。缓倾角时充填料浆堆积情况如图 6 – 14 所示。

2. 大倾角对充填料浆的影响

当采煤工作面倾角为大倾角（25°～55°）时，充填料浆沿工作面向下流动速度加快，充填料浆堆积趋势由料浆坍落度和自重决定。料浆经管路末端流出后向下堆积，自重影响随角度的增大而增加，料浆堆积在工作面底部宽度逐渐增大，离支架距离最近时可达 2 m，也不影响正常采煤工作的进行。大倾角时充填料浆堆积情况如图 6 – 15 所示。

3. 急倾角对充填料浆的影响

当采煤工作面倾角为急倾角（55° 以上）时，充填料浆沿工作面向下流动速度很快，充填料浆堆积趋势主要由料浆自重决定，此时坍落度的作用主要是防止料浆侧向塌落。料浆经管路末端流出后快速向下堆积，料浆自重影响随角度的增大而增加，料浆堆积在工作面底部宽度变得很宽。当工作面倾角小于 60° 时，充填料浆堆积底部距离支架最近处不足 1 m，还可正常进行采煤作业；当工作面倾角继续增大时，充填料浆堆积底部接触支架，影响正常采煤作业，此时若要保证

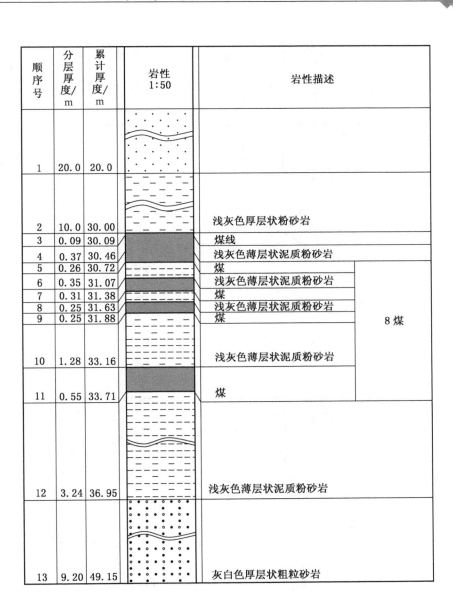

顺序号	分层厚度/m	累计厚度/m	岩性 1:50	岩性描述	
1	20.0	20.0			
2	10.0	30.00		浅灰色厚层状粉砂岩	
3	0.09	30.09		煤线	
4	0.37	30.46		浅灰色薄层状泥质粉砂岩	
5	0.26	30.72		煤	
6	0.35	31.07		浅灰色薄层状泥质粉砂岩	
7	0.31	31.38		煤	
8	0.25	31.63		浅灰色薄层状泥质粉砂岩	8煤
9	0.25	31.88		煤	
10	1.28	33.16		浅灰色薄层状泥质粉砂岩	
11	0.55	33.71		煤	
12	3.24	36.95		浅灰色薄层状泥质粉砂岩	
13	9.20	49.15		灰白色厚层状粗粒砂岩	

图 6-13　4086 工作面综合柱状图

充填，需采用专用充填支架或在支架后面架设挡板，防止料浆堆积底部影响正常采煤工作。急倾角时充填料浆堆积情况如图 6-16 所示。

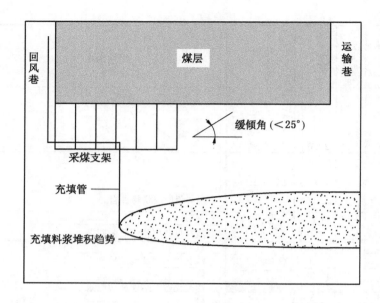

图 6 – 14 　缓倾角时充填料浆堆积情况

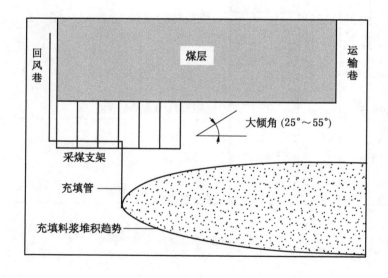

图 6 – 15 　大倾角时充填料浆堆积情况

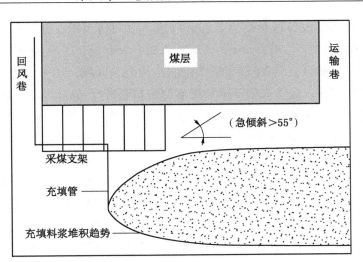

图 6-16　急倾角时充填料浆堆积情况

二、充填系统及工艺流程

根据 4086 工作面地质条件和日产矸石量的现状，设计了一套日处理矸石量 120 t 的井下充填系统，主要包含矸石破碎系统、上料搅拌系统、泵送与管路输送系统三部分，各部分参数见表 6-10。

表 6-10　充填系统主要参数

项　　目	参　数	备　　注
日矸石处理量/t	120	煤矿日产矸石约 100 t，取 1.2 安全系数
年矸石处理量/万 t	3.96	每年工作日按 330 天计算
矸石破碎系统/(t·h⁻¹)	100	含 1 台破碎机、矸石收料斗、振动给料机、磕车机、除铁器、一条 B1000 带式输送机以及钢结构等辅件
上料搅拌系统/(m³·h⁻¹)	60	含 1 台连续搅拌机、2 台螺旋输送机、1 台 B650 带式输送机以及水泥和粉煤灰斗各一个、钢结构等辅件
泵送系统/(m³·h⁻¹)	60	含充填泵、随机附件等
管路	DN150	含钢管、阀门、接头、密封件等
井下截止阀	DN150	手动控制截止阀

矸石破碎系统设备包含高效节能破碎机、双向磕车机、除铁器、矸石收料斗、振动给料机和带宽 1000 mm 的带式输送机各一台套以及相应钢结构等辅件。由采面分离出来的矸石经 1 t 轻型矿车运输至待充填区域，矿车依次进入双向磕车机卸料至收料斗，经斗底振动给料机均匀给料至带宽 1000 mm 的带式输送机，再由带式输送机输送到高效节能破碎机进行破碎。为防止原料矸石中夹杂铁质物品损伤设备，在带宽 1000 mm 的带式输送机至高效节能破碎机之间安装除铁器，去除铁质物品。

上料搅拌系统设备包含连续搅拌机、带宽 650 mm 的带式输送机各一台，螺旋输送机两台，水泥料斗和粉煤灰料斗各一个。经破碎后的成品矸石直接由带宽 650 mm 的带式输送机输送到连续搅拌机，同时水泥和粉煤灰通过人工添加至各自料斗，经螺旋输送机输送至皮带与成品矸石混合，随矸石一起输送至连续搅拌机内，加水进行搅拌，待搅拌好充填料后通过放料口卸至充填泵料斗内。

泵送与管路输送系统设备包含充填泵一台、输送管路一套（包含 DN150 管路、快换接头、密封件等）、井下截止阀一套。充填泵将搅拌好落入料斗内的充填料通过泵送加压，沿管路输送到采空区，通过截止阀控制充填位置，进行采空区充填施工。

由采面分离出来的矸石经矿车运输至充填系统卸料处，经磕车机卸料至收料斗，通过斗下振动给料机进入 B1000 带式输送机，原矸石输送到破碎机进行破碎，出料粒径控制在 15 mm 以下，为防止铁质物品损伤破碎机，在 B1000 带式输送机上加装除铁器进行去铁质物处理。破碎后的矸石经 B650 带式输送机直接输送到连续搅拌机，同时水泥和粉煤灰通过人工上料至各自料斗，经螺旋输送机输送至皮带与矸石混合，经混合后的充填干料输送至连续搅拌机进行搅拌，搅拌好的充填料浆落入充填泵料斗内，通过混凝土泵加压沿巷道管路输送到充填工作面进行充填。充填系统工艺流程如图 6－17 所示。

在充填工作面采用 6 m 无缝钢管作为充填布料管，放置于第三个支架与第四个支架之间，拖在液压支架后端，充填时将布料管用铁丝固定在支架上。当采煤工作时布料管随支架前移，充填末端管路布置如图 6－18 所示。

根据矿井巷道条件及矸石充填情况，选取三个采面，属于 +1030 m 水平四采区，将充填系统设备布置在 +1226 m 石门。

充填系统（包含支路铁轨部分）总长约 150 m，设备长约 80 m，将磕车机布置在 +1226 m 石门进入口 100 m 处，其余设备依次布置（设备布置与设计方案

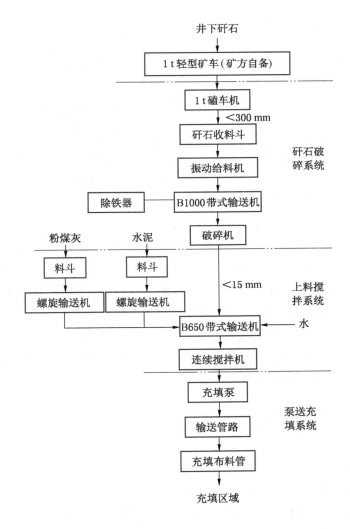

图 6-17　煤矿充填工艺流程图

相同）。

井下充填矸石运输线路和充填线路如图 6-19 所示。其排矸路线分别为：

（1）　+900 m 水平四采区石门→ +900 m 水平南大巷→ +900 m 水平轨道上山→ +1030 m 水平四采区石门→ +1030 m 水平四采区上煤组轨道上山→ +1030 m 水平四采区 +1226 m 石门翻车。

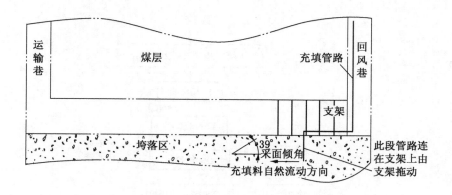

图 6-18　充填管路末端布置图

（2）　+900 m 水平南翼运输大巷→+900 m 水平南大巷→+900 m 水平轨道上山→+1030 m 水平四采区石门→+1030 m 水平四采区上煤组轨道上山→+1030 m 水平四采区 +1226 m 石门翻车。

（3）　+900 m 水平四采区运煤上山→+900 m 水平南大巷→+900 m 水平轨道上山→+1030 m 水平四采区石门→+1030 m 水平四采区上煤组轨道上山→+1030 m 水平四采区 +1226 m 石门翻车。

三、充填材料及设备

1. 充填材料

1）充填料构成

充填料由煤矸石、粉煤灰、水泥和水按照一定的配比混合搅拌而成。

煤矸石为主要充填材料。煤矸石取自该矿采煤排出的煤矸石，不升井，直接转入破碎机破碎后存入矸石缓存斗，粒径小于 15 mm，堆积密度为 1.3 t/m³。

粉煤灰可以使用电厂产生的粉煤灰，要求不含水分，堆积密度约 1.08 t/m³。粉煤灰适当地添加，可部分替代水泥，节省水泥用量。

水泥为普通硅酸盐水泥，堆积密度为 1.44 t/m³。水泥在泵送过程中包裹骨料，起滑润作用，并确保充填料不发生离析，避免堵管，而在凝结过程中主要起黏结作用，确保凝固后充填体具有一定抗压强度。

水为普通水，密度为 1 t/m³。

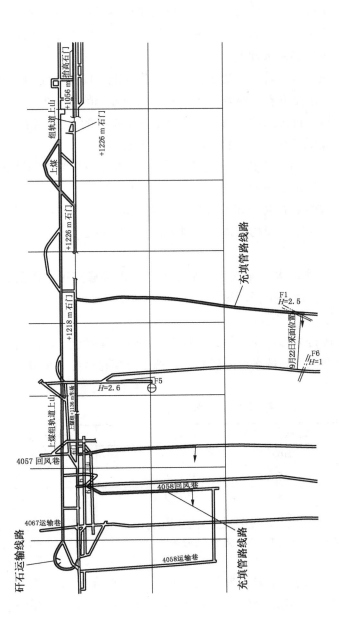

图 6-19 井下充填矸石运输线路和充填线路

2）充填料性能指标

充填的目的在于处理井下矸石，实际要求为充填料浆可实现远距离的泵送不堵管，料浆在充填到采空区之后流动性好、不泌水。因而对充填料浆的性能要求主要体现在料浆可泵性和泌水性上。

可泵性就是充填料浆在管道泵送过程中的工作性能，即流动性和稳定性。流动性取决于充填料的浓度和粒度级配，反映其固相与液相的相互关系和比率。稳定性是充填料抗离析、抗沉降的能力。可泵性是充填料浆的综合性指标，一般用坍落度来衡量。因此要求配比必须满足以下几个方面：

（1）流动性：充填料必须达到质量浓度在77%以上，骨料为连续级配，细粒级物料在固体中含量不小于15%。

（2）稳定性：按配比搅拌出的充填料在管路运动时呈"柱塞"流，其流动阻力主要是边界层与管壁之间的摩擦力。料浆在管道中停留数小时不沉淀、不分层、不离析。

（3）泌水性：充填保水性能好，在泵送至工作面形成充填体前后，充填体的泌水量不能影响工作面的工作环境。

3）充填料配比

采用泵送方式进行充填，充填料必须具备和易性、泵送性、泌水性等综合要求，通过实验并结合以往充填案例的经验，拟选用充填材料配方见表6-11。

表6-11 材料配比参数

成 分	用量/(kg·m⁻³)	质量百分比/%	堆积密度/(t·m⁻³)
煤矸石	1100	72.1	1.3
水泥	86	5.6	1.44
粉煤灰	34	2.2	1.08
水	306	20.1	1

注：以上配比在正式充填时须根据充填实际情况进行试验调整。

根据上述配比配置的充填料浓度约为80%，根据以往充填经验，搅拌后取得的充填料浆稳定性好、流动性好，充填过程中不易堵管，适用于采空区充填进行处理矸石的应用目的。

4）材料用量与充填量

为方便工作中的材料准备量，按照材料配比、充填泵排量与矸石日处理量计算可知材料用量情况，见表6-12。

表6-12 充填材料用量汇总

项 目	内 容	用 量
小时用量	煤矸石/(t·h⁻¹)	66
	水泥/(t·h⁻¹)	5.14
	粉煤灰/(t·h⁻¹)	2.02
	水/(t·h⁻¹)	18.4
日用量	煤矸石/(t·d⁻¹)	120
	水泥/(t·d⁻¹)	9.32
	粉煤灰/(t·d⁻¹)	3.66
	水/(t·d⁻¹)	33.45
年用量	煤矸石/(万t·a⁻¹)	3.96
	水泥/(万t·a⁻¹)	0.31
	粉煤灰/(万t·a⁻¹)	0.13
	水/(万t·a⁻¹)	1.11

由表6-12可知系统的料浆充填量参数，见表6-13。

表6-13 充填量统计表

项 目	数 值	备 注
每天充填次数/班	1	
每次充填时间/h	3	考虑准备时间
每次料浆充完时间/h	1.8	
系统小时充填量/(m³·h⁻¹)	60	
日充填量/(m³·d⁻¹)	108	
年充填量/(万m³·a⁻¹)	3.564	

2. 充填设备组成

1）泵送设备

根据确定的系统小时充填量 60 m^3/h，选取井下用充填泵型号为 HBMG80/18 - 320S 煤矿用混凝土泵（图 6 - 20），理论小时充填能力为 75.2 m^3/h，最大泵送压力为 17.4 MPa，实际充填能力为 60 m^3/h，见表 6 - 14。该设备不同于普通的混凝土泵，是专门用于充填作业的工业充填泵，广泛应用于煤矿充填开采、金属矿山与非金属矿的尾矿充填开采、冶金石化行业污水处理和固体废弃物处理等领域，可用于长时间连续作业工况，满足方案要求的输送量，出口压力在国内外同类产品中为一流水平，可保证充填料浆的超远距离输送，最大限度地提高系统的有效作业覆盖半径，减少移泵次数。

图 6 - 20　HBMG80/18 - 320S 煤矿用混凝土泵

表 6 - 14　HBMG80/18 - 320S 煤矿用混凝土泵主要技术参数

项　　目	参　　数
最大理论排量/($m^3 \cdot h^{-1}$)	75.2
最大泵送压力/MPa	17.6
输送缸内径/mm	270
输送缸行程/mm	2100
换向形式	S 管阀
最大骨料粒径/mm	25
坍落度/cm	18 ~ 28
输送管通径/mm	150
电动机额定功率/kW	2 × 160
电动机额定电压/V	660/1140
工作装置外形尺寸（长×宽×高）/(mm×mm×mm)	7058 × 2103 × 1560

表 6 - 14(续)

项 目	参 数
工作装置大约重量/kg	9250
动力装置外形尺寸(长×宽×高)/(mm×mm×mm)	4250×2062×1770
动力装置大约重量/kg	4850(不含油)

HBMG80/18 - 320S 煤矿用混凝土泵具有如下技术优势:

(1)全液压控制:采用全液压控制开式系统,油温低,可靠性高,换向冲击小,液压系统自清洁能力强。

(2)恒功率控制:采用双泵组合流液压系统,恒功率控制,系统更简单、可靠。

(3)砼活塞自动退回技术:检查和更换活塞方便、快捷,结构简单实用可靠。

(4)高效耐磨元件技术:眼镜板、切割环、S 管阀等耐磨度高,使用寿命长。

(5)变量节能技术:液压系统采用多项变量技术,比例控制,按需输出,高效节能。

(6)自动润滑技术:采用液压同步控制的自动润滑技术,保证砼活塞、搅拌与 S 管阀等运动元器件润滑性能良好。

(7)S 管阀技术:独特的大嘴 S 阀设计,阀体内部通径增大,吸入面积增加,吸入效率提高,料浆更易泵送。

(8)料斗防死角技术:全新设计的料斗,双层弧焊结构,彻底去除死角位置,不积料。

充填管路直接铺设到达工作面。根据其他矿山充填的经验,一般高浓度料浆在管道内的流速不宜过快或过慢。浆体的速度过快,料浆流动需要克服的水力坡降大,管道磨损速度也快,增大能量消耗;流速过慢则充填能力不能满足生产需要或需要增加充填管道内径。考虑到膏体充填采用粉煤灰作为高浓度充填料浆,输送阻力相对较小,所以在兼顾能力、输送可靠性、料浆出口压力的基础上,充填系统流速按以下原则进行设计:

在充填泵最大充填能力时,保证流速在 1.2 m/s 左右。

① 管路直径。按照充填系统流速的设计原则,充填系统能力 $Q = 60$ m³/h,

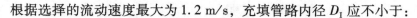

根据选择的流动速度最大为 1.2 m/s，充填管路内径 D_I 应不小于：

$$D_I = \sqrt{\frac{10000Q}{9\pi v}} \qquad (6-1)$$

式中　　Q——充填系统小时充填能力，取 60 m³/h；

　　　　v——充填系统设计工作流速，取 1.2 m/s。

代入数据，得 D_I = 133 mm。即膏体充填管路干线管道的内径应大于 133 mm。

②管路壁厚。充填管道壁厚 δ 按下式计算：

$$\delta = \frac{PD}{2[\sigma]} + K \qquad (6-2)$$

式中　　P——管道所受最大压强，取 17.6 MPa；

　　　　D——管路内径，取 133 mm；

　　　　$[\sigma]$——钢材抗拉许用应力，20 号钢管为 410 MPa；

　　　　K——磨损腐蚀量，取 2.5 mm；

代入数据，得 δ = 5.35 mm。

根据式（6-1）、式（6-2）计算结果，选取 ϕ180 mm × 12 mm 普通无缝钢管作为地面管和井下管的充填管路，材质 20 号，管路有效内径为 160 mm。管路之间用法兰连接。

进入工作面的管路，称之为工作面充填管，采用的是高压钢丝缠绕胶管，内径为 150 mm，承压能力在 20 MPa。

从工作面充填管每隔一定的距离分支出来的向采空区送充填料的充填管，称为布料管，采用高压钢丝缠绕胶管，内径为 150 mm，承压能力在 20 MPa。

2）搅拌设备

根据系统设计充填方式特点和充填量情况，进行搅拌设备的设计选型。

目前可供选择的搅拌设备有连续式混凝土搅拌机与强制间歇式混凝土搅拌机，要求实际搅拌能力在 60 m³/h 以上。采用连续式搅拌机，各环节设备都是连续运转，上料、搅拌、出料、泵送连续进行。采用强制间歇式搅拌机，上料、搅拌、出料、泵送等环节不能连续，需要按顺序依次进行。

两种形式的搅拌机生产能力相差不大，区别在于工作的连续性、设备价格以及物料混合均匀性。间歇式搅拌机在物料混合均匀性方面要略好于连续式搅拌机，但间歇式搅拌机供料不连续，如选用标定搅拌能力匹配的搅拌机，因充填泵料斗大小与搅拌机的搅拌容量无法匹配，工作中需先放搅拌机中搅拌好的半缸成品料，待泵送一会儿后，充填泵料斗中的充填料浆减少后再放入搅拌机中剩余料浆，这样的施工方法势必会严重影响系统施工效率；而增高充填泵料斗容量涉及充填泵增设加高料斗来完成，势必加高成套设备高度，增大巷道施工量，因此采用间歇搅拌机不适用。

采用连续式搅拌机，上料、搅拌、出料连续进行，使充填泵连续作业，在保证充填料浆的搅拌质量的前提下，可以减少不必要的停机时间，解决充填泵、上料输送带和破碎机等设备经常停机的问题，在提高充填效率的同时，优化了成套设备的使用工况，延长了设备的使用寿命，节约了成套设备的维护费用。

选择的连续式搅拌机的主要参数见表 6-15。

表 6-15　连续式搅拌机主要参数

生产能力/($m^3 \cdot h^{-1}$)	主轴转速/($r \cdot min^{-1}$)	装机功率/kW	设备重量/kg	外形尺寸(长×宽×高)/($mm \times mm \times mm$)	最大不可拆卸尺寸(长×宽×高)/($mm \times mm \times mm$)
75	43	55	5500	$5660 \times 1400 \times 1260$	$4180 \times 1400 \times 1260$

3）破碎设备

结合现场煤矸石情况以及确定的煤矸石日产量和泵送骨料粒径要求，选用一台矿用 1212 型高效节能破碎机作为矸石破碎设备。该设备的破碎原理为锤破与反击破相结合的复合式破碎机，对煤矸石的硬度、含水量均有较好的适应性，出料粒径控制在小于 15 mm 的粒度范围内，可保证前文所述的充填材料性能中充填料流动性对矸石骨料粒径的连续级配性要求。

因破碎形式决定了破碎出的骨料在满足连续级配的基础上，还同时伴生大量矸石粉末，同时改善了充填材料性能中流动性要求的细粒级骨料在固体材料中的质量比状态，是最优破碎设备，具体性能参数见表 6-16。

表 6-16　破碎机主要参数

项　　目	参　　数
转子直径/mm	1200
转子长度/mm	1200

表 6 – 16（续）

项　目	参　数
最大进料粒度/mm	≤600
出料粒度/mm	<15
处理能力/(t·h⁻¹)	≥120
电机功率/kW	160
电压/V	660/1140
外形尺寸(长×宽×高)/(mm×mm×mm)	1960×2370×2200
最大不可拆卸尺寸(长×宽×高)/(mm×mm×mm)	1900×760×1800

　　破碎机的降噪处理，除了要保证安装过程中轴类零件平衡，经常加注润滑液外，一种解决办法是采用硬木板固定破碎机机身，用橡胶块整体包裹破碎机，减少振动噪声。另一种解决办法是加设隔音墙，在破碎机四周建隔音墙，但不得影响破碎机的正常运行。两种方法相比较，前一种方法实施简单，可将破碎机噪声降至 70 ~ 85 dB，无须巷道施工；后一种方法对隔音墙外面空间降噪效果好，可将噪声降至 60 ~ 70dB，但内部空间噪声没有变化，且需要巷道施工。综合比较，建议在破碎设备外围包裹橡胶块，底部固定加设硬木块去除噪声，经处理后，外部空间噪声可控制在 85dB 以内。符合《煤矿作业场所职业危害防治规定》对噪声危害的防治标准要求。

　　4）磕车机

　　煤矸石在井下进行煤矸分离后用 1 t 轻型矿车（矿方自行准备）运输，在煤矸石运输铁轨中加装磕车机（轻型翻车机），通过磕车机将煤矸石卸入矸石收料斗，然后由上料输送带设备把矸石输送到破碎机内进行破碎。矸石上料设备中的磕车机要求设备结构简单，双向进车，液动翻车，卸料速度满足系统运行时矸石原料的消耗速度。

　　由表 6 – 16 可知，矸石的需求量为 66 t/h，即 1.1 t/min。因而要求磕车机每分钟翻 1 t 矿车的次数在 1 次以上。

　　根据矿车为 1 t 固定式矿车、轨距 600 mm、翻车次数在 1 次以上，选择磕车机为 KCY – 1.0/600 型液压磕车机，参数见表 6 – 17。

表 6-17　磕车机主要参数

项　目	参　数
适用矿车吨位/t	1
轨距/mm	600
额定电压/V	380/660
电机功率/kW	16
驱动方式	液压方式
翻车次数/min	2
外形尺寸(长×宽×高)/(mm×mm×mm)	2500×1750×1600

可知磕车机的最大卸料速度为：$2 \times 1 \times 60 = 120$ t/h。

破碎机的处理能力与磕车机的卸料能力可匹配。

充填系统中粉尘主要来源于破碎机破碎原料矸石产生的粉尘、粉煤灰和水泥向料斗中倾倒产生的粉尘、磕车机将原料矸石倒入收料斗产生的粉尘三部分。

破碎机破碎原料矸石过程中，随着原料矸石粒径逐渐变小，产生的微粒逐渐增多，细小微粒由于惯性不断向外飞出，造成粉尘量较大，通过原料矸石进料口向外排放。煤矸石经破碎后出口处的粉尘浓度为 $15 \sim 20$ mg/m^3。破碎机除尘的解决办法是在破碎机进料口处加装橡胶挡帘，既不影响矸石进料和破碎，又可以减小粉尘外泄量，同时在挡帘外面加装收尘罩，采用喷雾方式降低粉尘。经处理后的粉尘浓度为 $5 \sim 8$ mg/m^3，符合《煤矿作业场所职业危害防治规定》对粉尘浓度的要求。

粉煤灰和水泥采用人工上料的方式，每分钟 3 袋装 50 kg 干料，可人工控制扬尘量，粉尘浓度一般不超过 10 mg/m^3。可在粉煤灰和水泥上料斗附近加喷雾装置，降低粉尘，采用喷雾装置后粉尘浓度可降至 5 mg/m^3。

原料矸石经磕车机倒入收料斗中产生的扬尘量与原料粒径密切相关，因块状原料矸石较多，粉末状矸石少，只在倾倒瞬间扬尘量可至 5 mg/m^3。可在矸石收料斗上面安装喷雾装置，降低因磕车机翻料入收料斗引起的扬尘量，粉尘浓度可降至 3 mg/m^3。

为防止回风巷充填系统粉尘进入其他系统或巷道，可在回风巷的下风口处设置除尘挡帘，用喷雾设备对挡帘进行喷湿作业，降低空气中的粉尘浓度，以保护其他系统或巷道。

5）矸石收料斗

矿井日产矸石约 100 t，煤矸石密度为 1.3 t/m³，则煤矸石为 77 m³，为有效利用充填时间，采用一班集中充填，矸石收料斗有效容积设计为 60 m³，剩余 17 m³ 的煤矸石存放于 1 t 运矸矿车中，需 23 辆进行存放，支路铁轨的直线轨道部分长 50 m，可存放至少 25 辆矿车，满足煤矸石一班集中充填的条件。

矸石收料斗可利用巷道上下层位置关系将两层巷道打通，利用打通的空间作为收料斗的一部分，打通空间大小为 7 m×2 m×4.4 m，约 61 m³，在打通的底部做一个钢结构斗底，安装料门及振动给料机。

6）水泥、粉煤灰接料斗

水泥用量为 5.14 t/h，则每分钟水泥用量 86 kg（按 50 kg/袋计约合 1.7 袋），按 15 min 缓存水泥量，则为 $5.14 \div 60 \times 15 \div 1.44 \approx 0.9$ m³。

粉煤灰用量为 2.02 t/h，则每分钟粉煤灰用量 34 kg，按 30 min 缓存，则为 $2.02 \div 2 \div 1.08 \approx 0.94$ m³。

结合以上计算可知，水泥和粉煤灰接料斗可统一为一种，料斗容积设定为 1 m³。

7）输送设备

根据煤矸石日产量选用带式输送机作为矸石输送设备，带式输送机是煤矿井下的常用设备，便于矿方使用和维护。选用的带式输送机为：磕车机下方的原料矸石输送带为带宽 1000 mm 的带式输送机，以便于大粒径原料矸石的输送作业；破碎机下方的成品矸石输送带为带宽 650 mm 的带式输送机，可使成品矸石混合粉煤灰和水泥后进入搅拌机搅拌。所选带式输送机的具体参数见表 6-18。

表 6-18　带式输送机主要参数

项　　目	1 号输送机	2 号输送机
带宽/mm	1000	650
输送长度/m	40～50	20～30
功率/kW	15.5～20	7.5～11
输送速度/(m·s⁻¹)	1.25～1.6	
输送量/(t·h⁻¹)	110～140	
备注	电动滚筒为煤安认证产品	

水泥和粉煤灰的添加使用螺旋输送机实现，粉料添加量可通过调节螺旋输送机的转数来控制调节，如后期用于沿空留巷等混凝土搅拌料输送工法，可通过提高螺旋输送机转数满足混凝土施工中的水泥和粉煤灰（或细砂）的输送需求，所选螺旋输送机的技术参数见表6-19。

表6-19　螺旋输送机参数

型号	功率/kW	输送距离/m	输送量/($t \cdot h^{-1}$)	输出转速/($r \cdot min^{-1}$)
ES219	5.5	3~5	2~18	294

8）除铁器

为了防止原料煤矸中混有铁丝等金属物进入破碎机，在给破碎机供料的输送带上安装一台井下用除铁器，参数见表6-20。

表6-20　除铁器主要参数

项　目	参　数	项　目	参　数
适应带宽/mm	1000	驱动方式	手动
磁场强度/mT	≥70	重量/kg	1650
适应带速/($m \cdot s^{-1}$)	≤4.5		

9）振动给料机

为保证煤矸石均匀供给，结合煤矸石小时用量，选用一台井下用双质体振动给料机。

双质体振动给料机广泛用于冶金、煤炭、化工建材、电力等行业的块状、料状、粉状等不同物料的给料系统中。该机处于共振状态工作，主振弹簧为剪切橡胶弹簧，属双质体惯性共振式给料机，性能优于其他机型，尤其适用于水分大、物料易黏结的工况，以不烧电机著称。整机处理量适中、运行平稳、噪声小、供料速度可控。具体参数见表6-21。

表6-21　振动给料机主要参数

项　目	参　数
名称	GLZ系列双质体振动给料机
型式	槽型
处理能力/($t \cdot h^{-1}$)	900

表6-21（续）

项 目	参 数
电机功率/kW	3.7
安装倾角/(°)	0～12
给料粒度/mm	500
接口尺寸(直径×长度)/(mm×mm)	1300×1300
外形尺寸(长×宽×高)/(mm×mm×mm)	2200×1300×350

10）管路

管路选用标准的DN150泵送管路，快速接头连接，在工作面端头到布料管的管路使用高压钢丝缠绕胶管，保证采煤移架的正常进行。

根据每天的矸石处理量实际需求，可在工作面设置一根或几根布料管，保证矸石处理对正常的采煤作业无影响。

拖在液压支架后端的布料管路采用 $\phi168 \times 9$ 无缝钢管，增强抗砸能力，长度6 m左右，尾端采用花管形式，提高充填能力。

充填泵最好布置在距充填点较近处。

充填管路沿回风巷铺设，依靠泵的压力将充填料充入采空区，应根据每日的充填量情况，如布置一根以上布料管，可通过布料管截止阀控制充填位置，从而保证料浆的充填量对正常采煤作业无影响。采面管路布置示意如图6-21所示。

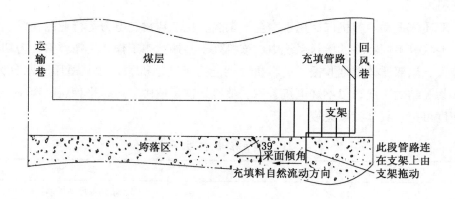

图6-21 充填采面管路布置示意图

充填方式根据不同要求还有全采全充充填、条带充填和留巷充填。

全采全充意为煤层全部采出，采空区全部充填，充填时多采用专用充填支架控顶。采面管路布置示意如图6－22所示。

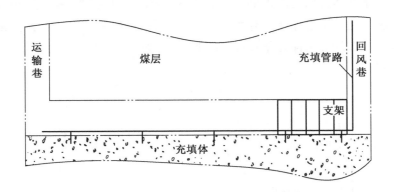

图6－22　全采全充采面管路布置示意图

条带充填意为煤层全部采出，采空区不全部充填，而是根据计算充填若干一定宽度的条带支撑顶板。条带宽度和条带之间留设宽度必须根据巷道实际情况计算后确定。每一条带需要支设隔离墙，吊挂编织袋，构成一封闭充填空间。充填时多采用专用充填支架控顶。采面管路布置示意如图6－23所示。

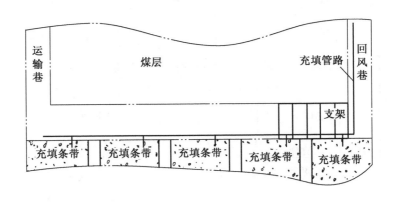

图6－23　条带充填采面管路布置示意图

试验矿井不适合采用条带充填，因为采面倾角均在35°以上，对每一条带的侧向隔离墙支撑力要求很高，不采取有力措施，容易出现隔离墙被压溃，条带侧倒。

留巷充填意为煤层全部采出，采空区不充填，仅在运输平巷一侧构筑一道混凝土墙，将原运输平巷留下，作为下一采面的回风平巷，减少一条巷道的掘进量，改善通风布局。采面管路布置示意如图6-24所示。

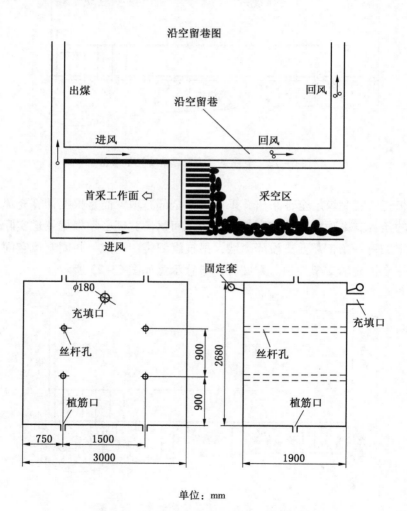

单位：mm

图6-24 留巷充填采面管路布置示意图

3. 设备条件与操作

充填作业时，充填泵送工艺流程如下：

（1）泵水：先泵送 $2 \sim 3$ m³ 的水，目的是为了湿润管道，避免充填料浆进入管道进行泵送时因管道干燥而发生料浆脱水进而堵管。

（2）泵灰浆：再按照水泥与粉煤灰 $1 : 2 \sim 1 : 4$ 的比例加水搅拌成 $3 \sim 5$ m³ 的灰浆进行泵送，目的是为了润滑管道，减小泵送阻力，避免泵送压力过多的损失在克服管路输送阻力上，达到远距离输送的目的。同时隔绝前方的水和灰浆后方的料浆，避免因水与料浆接触后，水泥与粉煤灰等细料成分扩散到水中，破坏了物料的稳定性，造成物料离析堵管。

（3）泵料浆：经过泵送灰浆后，开始搅拌正常配比的充填料浆，进行泵送作业，此过程要求泵送作业连续进行，如需短暂停泵，则可在 $3 \sim 5$ min 进行一个泵送循环，保证充填料浆在管路中间歇运动，不产生离析与凝固等现象而堵管；如需停机超过半小时，则应进行后面所述的清洗管路流程。

（4）泵灰浆：在泵送作业结束时，应如前面所述的泵灰浆流程一样，泵送 $3 \sim 5$ m³ 的灰浆，准备用水清洗管路。

（5）泵水：向充填泵料斗加入水进行泵送，利用水将前面的料浆与灰浆推出管路，防止堵管。

四、劳动组织

根据采空区充填要求，结合工作面"三八"采煤制，由矿方组建专门的充填班组，以负责充填系统的操作和维护，在采煤工作面检修班检修采煤设备时进行采空区煤矸石充填作业。充填组成员构成见表 6-22。

表 6-22　充 填 组 成 员 构 成　　　　　　　　人

项　　目	人　　数
矸石装车提升运输（三班）	$8 \times 3 = 24$
运矸矿车支路铁轨移动	2
磕车机操作	1
振动给料机兼 1 号带式输送机操作	1
破碎机兼 2 号带式输送机操作	1
粉煤灰螺旋输送机兼上料	1

表 6 – 22 （续）   人

项　目	人　数
水泥螺旋输送机兼上料	1
连续搅拌机兼供水操作	1
充填泵操作	1
管路沿线维护兼巷道矿压数据采集员	1
充填末端管路操作	3
充填班长	1
电工	1
专职瓦斯员	1
小计	40
工作面矿压数据采集员（兼职）	1

试验矿井工作面采煤采用"三八"制，检修时间每天 4 h，充填时间为 3 h，采空区煤矸石充填安排在检修班时段进行，且采煤工作形成的采空区空间足够，完全可以充填采空区空间，所以充填作业并不会影响采煤工作的正常进行。采煤与充填时间安排如图 6 – 25 所示。

1）安全措施

充填安全不仅关系到整个充填的质量，还与煤矿安全生产、降低事故的发生概率有很大的关系，因此，很好地掌握此项技术具有非常重要的现实意义和社会意义。

（1）由矿领导组成充填领导小组，负责整个充填工作的指导和监管工作。

（2）充填工作进行前，须备齐操作所需工具，检查工作面液压系统是否完好；检查主干管、布料管及各阀门的安装是否牢靠，性能是否灵敏可靠；检查设备安装是否符合要求，牢固可靠；检查布料管在充填管路的连接是否正确，固定是否牢固；清理好冲洗管路的排水水沟。

（3）每次充填前应把工作面管路截止阀门关闭，打开三通一端，并用草袋或双抗网把端口盖上，以免因端口处喷浆造成伤人事故。

（4）管道充水时，作业人员和其他人员必须避开排水方向。

（5）由专人看管管道充水情况，待三通处管道出水口见水时，及时向充填班长汇报并要求其准备正式充填。

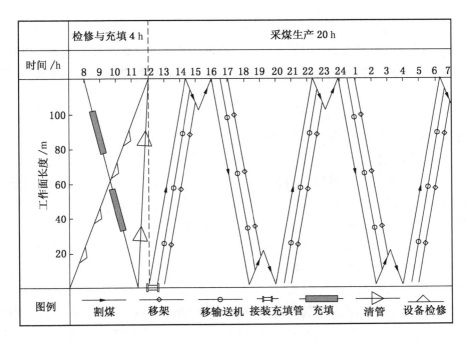

图 6 - 25　采煤与充填时间安排

（6）充填过程中，充填工和管路维护观察工要密切注视充填管道的密封状况，同时注意观察充填末端料浆流动状况。若发现堵管迹象，应立即向充填班长汇报，停止充填，排除故障。

（7）充填至最后时，跟班充填班长应随时分析待充填料浆情况，当充填料浆充填完成后，及时通知管路末端操作工，将管路清洗用水排到采空区排水沟。

（8）在整个充填过程中要由班长及管路沿线巡视工在可能进入干线管路充填管范围内的所有通道上巡查，严禁无关人员进入。整个充填管路的两侧严禁与充填工作无关的人员随意行走，充填出口的下方及充填管路的下方严禁人员停留。

（9）严格按工艺要求及参数进行充填和配比。

（10）所有充填管路及附属连接件承压能力必须达到 20 MPa。

（11）通风队需派专职瓦斯检查员检查充填区域的瓦斯情况。每班瓦斯检查员必须把瓦斯大小填写在瓦斯牌板上，瓦斯超限时必须停止充填并及时向调度室汇报。

2）堵管处理

充填过程中经常会出现堵管事故，其原因主要有充填管路出现泄漏、料浆中混入杂物、料浆质量不符合要求、料浆在管路内静置时间过长、充填管路未冲洗干净。

（1）充填管路泄漏引起的堵管事故，也称"泄漏型堵管事故"，其特点是充填管有泄漏点，堵管段在泄漏点附近。

（2）料浆过稀出现的堵管事故，也称"稀料沉淀型堵管事故"，其特点是由于料浆稀，充填料浆不是稳定的膏体，而是非稳定的两相流体，沿程将出现沉淀，特别是遇到上行管道，沉淀会更严重，更容易堵管，所以稀料沉淀型堵管事故多发生在上行管道段，特别是充填过程中有中断以后。

（3）料浆中混入杂物，如杂草或树枝、未搅开的泥团、超过管道内径 1/4 ~ 1/3 的大块物料，也容易造成堵管，称之为"异物型堵管"事故，主要特点是堵管点不确定，相对而言，在充填管道拐弯或变径处出现异物型堵管的概率较大。

（4）料浆过稠出现的堵管事故，也称"稠料型堵管事故"，其特点是过稠的料浆进入管道后，充填系统的输送阻力将很快增高，直到超过系统最大输送阻力，严重的稠料甚至在泵的入口和出口段就能造成堵管。

（5）料浆在管道中静置时间过长，特别是超过其可泵送时间，浆体将会因为逐渐凝结而变稠，输送阻力增加，到一定程度，充填系统就不能够正常泵送，出现堵管事故，这类事故称之为"凝结型堵管事故"，特点是没有集中的事故点，充填管道全线都有影响。

（6）充填管道未冲洗干净造成的堵管事故，充填管道如果没有清洗干净，管道中剩下的主要是矸石，如果上次管道中剩下的矸石较多，在下一次充填时的浆推水过程中，清洗球推着上次剩下的矸石颗粒，越推越多，逐渐在清洗球前面形成满管的矸石柱段，到一定程度就可能造成堵管事故的发生，这类堵管事故称之为"矸石堆积型堵管事故"，特点是这类事故一般发生在浆推水阶段，堵管段在浆水隔离区附近。

堵管事故的防治应该坚持以防为主的方针。预防堵管事故的主要措施包括以下几个方面：

（1）增加除铁器。在矸石输送带入料口安装除铁器，防止矸石中混入的铁丝进入破碎设备，从根源上防止铁丝造成的堵管事故。

（2）控制每次的搅拌质量，不满足搅拌质量的不进入泵送料斗。

（3）严格管路密闭性试验。管路安装完毕后，对整个充填管路进行保压和密闭性试验，试压介质为水，试验压力为 10 MPa，持续稳压时间小于 4 h，保压期间的最大压降为 0.05 MPa，视为满足要求，以确保充填管路密闭、不泄漏。

（4）通过充填泵驱动油缸压力在线监视，提前发现堵管征兆，有条件的在管道未堵死之前就采取措施，如发现部分超过设计要求的比较稠的浆体已经下井，则严格控制后续料浆在一定范围内，必要时可以适当降低充填速度等。料浆管道输送的阻力与其管道中的流速成正比。

（5）制定充填系统设备故障快速排除方案的措施。

五、成套设备的其他适用工法

本项目成套设备也可适用于煤矿井下其他混凝土施工工法，如沿空留巷、壁后充填、快速封闭、全采全充等，一套设备多种用途。

1）沿空留巷

沿空留巷是采煤工作面后沿采空区边缘维护原回采巷道，为了回收传统采矿方式中留设的保安煤柱，采用一定技术手段将上一区段的平巷重新支护留给下一个区段使用的方法，可实现无煤柱护巷，减少巷道掘进量，减缓采掘接替矛盾，治理工作面瓦斯超限难题，实现前进式和往复式开采。

本项目成套设备应用于沿空留巷时，出于沿空留巷工法对充填混凝土的初凝时间、凝结强度等要求，需根据实际情况调整配比，提高水泥与粉煤灰用量以提高充填体强度，并加入速凝剂以缩短充填混凝土的初凝时间，尽早形成有强度的自立充填体，来满足采煤速度对沿空留巷速度的要求，无须对成套设备进行改制。

2）壁后充填

壁后充填是通过充填泵将混凝土料浆泵送至巷道支架与围岩之间的空间，解决由于巷道支架与围岩不能良好接触而使支架受力不均，造成 U 型钢支架各种形式的破坏、巷道围岩风化及变形失稳等问题。

壁后充填可增强巷道支护效果，提高巷道准备效率；巷道变形小，可应对深井矿的强大地压；有利于通风和瓦斯控制；提高支护系统的护表能力，增加围岩的表面强度；阻止松软岩层的分化，提高巷道的稳固性。

本项目成套设备应用于壁后充填时，同沿空留巷施工工法相类似，只需调整充填料配比，无须对成套设备进行改制。

3）快速封闭

快速封闭是通过充填泵将混凝土料浆输送至施工点，构筑混凝土挡墙，实现废弃巷道和采空区的封闭，较传统的巷道封堵方式密闭效果更好，可有效解决废弃巷道和采空区瓦斯突出对采煤工作面的影响，防止巷道透水，节约时间和人力成本。

本项目成套设备应用于快速封闭时，同沿空留巷、壁后充填施工工法相类似，也只需调整充填料配比，无须对成套设备进行改制。

4）全采全充

全采全充是用充填料浆把采空区全部充填起来，充填接顶率高，控制地面沉降效果最好，是避免矿山重大安全事故和提高煤矿安全高效生产的最有效的手段。

本项目成套设备可应用于"三下一上"压煤的全采全充工法，但因为成套设备的核心设备 HBMG80/18 – 320S 工业充填泵小时实际泵送量约为 60 m^3，如用于"三下一上"压煤的全采全充，需解决采煤速度与充填速度的匹配问题，还需增加充填专用支架，以便于采空区充填。

如工作面的采煤工作制采用"四六制"，考虑采充比为 0.95，每班充填 5.5 h，则本系统的适应日采煤量在 833.68 t（$60 \times 5.5 \times 2 \times 1.2 \div 0.95$）以内，即适应年产量在 27.5 万 t 左右的小工作面"三下一上"压煤的全采全充。

参 考 文 献

［1］胡炳南．我国煤矿充填开采技术及其发展趋势［J］．煤炭科学与技术，2012，40（11）：1－5，18.

［2］夏欢阁．建筑群下特厚松散覆层煤层条带式开采方法的研究与应用［D］．阜新：辽宁工程技术大学，2008.

［3］伍永平，刘孔智，负东风，等．大倾角煤层安全高效开采技术研究进展［J］．煤炭学报，2014，39（8）：1611－1618.

［4］缪协兴，巨峰，黄艳利，等．充填采煤理论与技术的新进展及展望［J］．中国矿业大学学报，2015，44（3）：391－398.

［5］高召宁，石平五．急斜煤层开采基本顶破断力学模型分析［J］．矿山压力与顶板管理，2003，（1）：81－83.

［6］黄建功．大倾角煤层采场顶板运动结构分析［J］．中国矿业大学学报，2002，31（5）：411－414.

［7］孟祥瑞，赵启峰，刘庆林．大倾角煤层综采面围岩控制机理及回采技术［J］．煤炭科学技术，2007，35（8）：25－28.

［8］Wang, J. A. and Jiao, J. L. Criteria of support stability in mining of steeply inclined thick coal seam［J］. International Journal of Rock Mechanics and Mining Sciences, 2016, 82（2）：22－35.

［9］张东升，吴鑫，张炜，等．大倾角工作面特殊开采时期支架稳定性分析［J］．采矿与安全工程学报，2013，30（3）：331－336.

［10］曹树刚，徐健，雷才国，等．复杂条件下急倾斜综采工作面支架适应性分析［J］．煤炭学报，2010，35（10）：1599－1603.

［11］杨科，池小楼，刘帅．大倾角煤层综采工作面液压支架失稳机理与控制［J］．煤炭学报，2018，43（7）：1821－1828.

［12］胡炳南，祝棍．"三下"压煤充填开采技术与设计探讨［C］//全国"三下"采煤学术会议论文集，2012：1－10.

［13］解盘石，伍永平，罗生虎，等．大倾角大采高采场倾向梯阶结构演化及稳定性分析［J］．采矿与安全工程学报，2018，35（5）：953－959.

［14］陶连金，王泳嘉．大倾角煤层采场上覆岩层的运动与破坏［J］．煤炭学报，1996，21（6）：582－585.

［15］尹光志，李小双，郭文兵．大倾角煤层工作面采场围岩矿压分布规律光弹性模量拟模型试验及现场实测研究［J］．岩石力学与工程学报，2010，29（增1）：3336－3343.

［16］赵元放，张向阳，涂敏．大倾角煤层开采顶板垮落特征及矿压显现规律［J］．采矿与

安全工程学报，2007，24（2）：231 – 234.

[17] 余伟健，冯涛，王卫军，等. 充填开采的协作支撑系统及其力学特征 [J]. 岩石力学与工程学报，2012，31（增1）：2803 – 2813.

[18] 伍永平，解盘石. 大倾角煤层开采覆岩空间倾斜砌体结构 [J]. 煤炭学报，2010，35（8），1252 – 1256.

[19] 张华兴. 对"三下"采煤技术未来的思考 [J]. 煤矿开采，2011，16（1）：1 – 3，31.

[20] 刘天泉. "三下一上"采煤技术的现状及展望 [J]. 煤炭科学技术，1995（1）：5 – 7，62.

[21] 高庆潮，李东华. 建筑物下采煤存在的问题及处理建议 [J]. 河北煤炭，1997（3）：40 – 42.

[22] 赵琦. 充填开采技术在煤矿中的实践 [J]. 山东煤炭科技，2012（3）：12 – 13.

[23] 李强，彭岩. 矿山充填技术的研究与展望 [J]. 现代矿业，2010（7）：8 – 13.

[24] Bodi, J. Safety and technological aspects of manless exploitation technology for steep coal seams [J]. 27th International Conference of Safety in Mines Research Institutes, 955 – 965, Feb. 20 – 22, 1997.

[25] Kulakov, V. N. Stress state in the face region of a steep coal bed [J]. Journal of Mining Science (English Translation), 1995, (9): 161 – 168.

[26] Singh, T. N. and Gehi, L. D. State behaviour during mining of steeply dipping thick seams—A case study [J]. Proceedings of the International Symposium on Thick Seam Mining, 311 – 315, Nov. 19 – 21, 1993.

[27] 朱仁诒，李凤明，容灵惠. 应用矸石自溜充填法开采村庄下压煤 [J]. 煤矿科学技术，1989，(10)：2 – 6.

[28] 李凤明. 矸石自溜充填法开采建筑物下压煤可行性初探 [J]. 煤炭开采，1994，(2)：44 – 47.

[29] 李永明. 水体下急倾斜煤层充填开采覆岩稳定性及合理防水煤柱研究 [D]. 徐州：中国矿业大学，2012.

[30] 翟茂兵，李永明，孙占成. 急倾斜煤层充填开采底板应力分布和岩移控制 [J]. 煤炭工程，2012，44（12）：81 – 84.

[31] 董守义. 建筑物下急倾斜煤层群矸石充填开采研究 [D]. 北京：中国矿业大学（北京），2013.

[32] 王港盛，田慧强，徐铎，等. 急倾斜煤层充填机理梁式模型力学分析 [J]. 煤矿开采，2011，16（3）：47 – 50.

[33] 姚琦，冯涛，廖泽. 急倾斜走向分段充填倾向覆岩破坏特性及移动规律 [J]. 煤炭学报，2017，25（12）：3096 – 3105.

［34］张吉雄，周跃进，黄艳利．综合机械化固体充填采煤一体化技术［J］．煤炭科学技术，2012，40（11）：10－13．

［35］刘建庄，王作棠，黄温刚，等．浅谈煤矿绿色开采技术［J］．矿山机械，2010，38（18）：73－76．

［36］郭文兵，杨达明，谭毅，等．薄基岩厚松散层下充填保水开采安全性分析［J］．煤炭学报，2017，42（1）：106－111．

［37］Li，J. M.，Huang，Y. L.，Qi，W. Y and Song，T. Q.，Loose gangues backfill body's acoustic emissions rules during compaction test：based on solid backfill mining［J］．Cmes－Computer Modeling in Engineering & Sciences，2018，115（1）：85－103．

［38］张升，张吉雄，闫浩，等．极近距离煤层固体充填充实率协同控制覆岩运移规律研究［J］．采矿与安全工程学报，2019，36（4）：712－718．

［39］李栖凤．急倾斜煤层开采［M］．北京：煤炭工业出版社，1986．

［40］查剑锋．矸石充填开采沉陷控制基础问题研究［D］．徐州：中国矿业大学，2009．

［41］代建四．煤矿充填开采的现状与发展趋势［J］．阜新：科技创新导报，2010（6）：60－61．

［42］邹徐文．宽条带跳采全采注充岩层控制机理与地表变形预测研究［D］．阜新：辽宁工程技术大学，2008（8）：15－17．

［43］许家林，赖文奇，钱鸣高．中国煤矿充填开采的发展前景与技术途径探讨［C］//第八届国际充填采矿会议论文集，2004（9）：18－20．

［44］成枢，崔冬梅．建筑物下采煤研究现状及展望．第七届全国矿山测量学术会议论文集，2007：5－7．

［45］吴吟．中国煤矿充填开采技术的成效与发展方向［J］．中国煤炭，2012（6）：5－10．

［46］曹小刚．新型骨料似膏体胶结充填技术研究［D］．长沙：中南大学，2012：8－10．

［47］周爱民．矿山充填技术的发展及其新概念［C］//第四届全国充填采矿技术研讨会，1999，9．

［48］张立新，赵克寒．浅谈矿山充填采矿法的应用与发展［C］//矿山学术交流会，2009：42－44．

［49］徐法奎，李凤明．我国"三下"压煤及开采中若干问题浅析［J］．煤炭经济研究，2005（5）：26－27．

［50］孙恒虎，黄玉诚，杨宝贵．当代胶结充填技术［M］．北京：冶金工业出版社，2002．

［51］胡华，孙恒虎．矿山充填工艺技术的发展及似膏体充填新技术［J］．中国矿业，2001（6）：47－50．

［52］田玉春，王立伟，韩涛．膏体充填开采技术在开采极薄覆岩下煤层的应用［J］．山东煤炭科技，2010（5）：4－5．

[53] 赵学义，史卫平，宫希正. 膏体充填开采技术与沉陷预测研究 [J]. 中国煤炭，2011 (11)：37 –40.

[54] 矿兵. 胶结充填采矿法在加拿大的应用 [J]. 有色金属，1975 (6)：65 –67，26.

[55] 谢开维，张葆春. 块石胶结充填的应用现状及发展 [J]. 矿业研究与开发，2002，22 (2)：1 –4.

[56] 王志法，徐加昌，高敏东，等. 低压风力管道矸石充填技术研究 [J]. 山东煤炭科技，2011 (2)：93 –94.

[57] 刘春明，王恒. 矸石井下处置绿色开采技术 [J]. 煤矿开采，2008，13 (6)：30 –32，45.

[58] 杨明. 干式充填采矿法在河台金矿的应用 [J]. 矿业研究与开发，1996，16 (增1)：80 –82.

[59] 胡家国，范平之. 粉煤灰细砂胶结充填在新桥硫铁矿的应用 [J]. 岳阳师范学院学报（自然科学版），2001，14 (4)：44 –47.

[60] 崔建强，孙恒虎，黄玉诚，等. 建下似膏体充填开采新工艺的探讨 [J]. 中国矿业，2002，11 (5)：34 –37，53.

[61] 孙晓光，周华强，王光伟，等. 固体废物膏体充填岩层控制的数值模拟研究 [J]. 采矿与安全工程学报，2007，24 (1)：117 –121，126.

[62] 冯光明. 超高水充填材料及其充填开采技术研究与应用 [D]. 徐州：中国矿业大学，2009.

[63] 陈益民. 由铁铝酸钙水化生成钙矾石的动力学 [J]. 硅酸盐学报，2000，28 (4)：303 –308.

[64] 何全洪. 高水材料巷旁充填留巷效果分析 [J]. 矿山压力与顶板管理，1998 (3)：3 –5.

[65] 王洪江. 高水速凝材料在高浓度尾砂胶结充填中的应用 [J]. 化工矿物与加工，2000，(12)：16 –18，4.

[66] 孙春东. 超高水材料长壁充填开采覆岩活动规律及其控制研究 [D]. 北京：中国矿业大学，2012.

[67] 张海波，刘春风，冯丹丹，等. 高水充填材料抗压强度研究 [J]. 煤矿开采，2012，17 (5)：14 –15，69.

[68] 徐斗斗，史向军，郭广礼，等. 建筑物下浅埋厚煤层长壁矸石充填开采试验 [J]. 煤炭科学技术，2011，39 (8)：30 –34.

[69] 丁德民，马凤山，张亚民，等. 急倾斜矿体分步充填开采对地表沉陷的影响 [J]. 采矿与安全工程学报，2010，27 (2)：249 –252.

[70] 苏仲杰，佟利明. 地表沉陷灾害机理与控制方法 [C] //第一届全国工程安全与防护学

术会议，2008：347－352.

[71] 王家臣，杨胜利，杨宝贵，等．长壁矸石充填开采上覆岩层移动特征模拟实验［J］．煤炭学报，2012，37（8）：1256－1262.

[72] 张吉雄，缪协兴，郭广礼．固体密实充填采煤方法与实践［M］．北京：科学出版社，2015.

[73] 张广学，陈春．巷采矸石充填条件下地表移动观测研究［J］．矿山测量，2011（5）：82－84.

[74] 王宜振，孔凡贵，苏远春．矸石带充填沿空留巷技术的应用［J］．山东煤炭科技，2002（6）：13.

[75] 刘德福，石峰，范瑞河．矸石充填技术在大倾角采煤工作面的应用［J］．山东煤炭科技，2011（4）：82－84.

[76] 张建营，赵玉成，王继燕．矸石充填对于沿空巷道稳定性影响研究［J］．现代矿业，2010（7）：16－20.

[77] 谢东海，冯涛，赵伏军．我国急倾斜煤层开采的现状及发展趋势［J］．科技信息，2007，14：211－213.

[78] 张伟，张瑞新，王云鹏，等．急倾斜水平分层综放开采矿压显现规律［J］．中国安全生产科学技术，2011，7（4）：5－10.

[79] 窦庆峰．急倾斜煤层开采过程中的矿压显现监测［J］．矿业安全与环保，2007，1（34）：25－26，30.

[80] 丁帮才，孙建平．柔性掩护支架采煤法在急倾斜煤层中的应用［J］．煤炭科技，2009（2）：70－71.

[81] 姬超文．赵各庄矿急倾斜煤层开采方法的实践与探索［J］．河北煤炭，2005（4）：14－15.

[82] 吴国栋．急倾斜煤层的倾斜条带开采方法［J］．山东煤炭科技，2004（6）：35－37.

[83] 张小兵，王忠强，张伟，等．急倾斜煤层可采工艺性评价及应用研究［J］．中国矿业大学学报，2007，36（3）：381－385.

[84] 闫嘉勃，康东．急倾斜中厚煤层开采方法［J］．煤炭技术，2006，25（3）：36－38.

[85] 刘文斯．走向长壁采煤法在急倾斜煤层中的应用［J］．采矿技术，2010，10（增1）：73－74.

[86] 何国清，杨伦．矿山开采沉陷学［M］．徐州：中国矿业大学出版社，1991.

[87] 王金庄，刑安仕，吴立新．矿山开采沉陷及其损害防治［M］．北京：煤炭工业出版社，1995.

[88] 白书民．薄煤层无巷旁充填沿空留巷技术研究［J］．煤炭科学技术，2012，4（11）：42－44.

[89] 朱殿柱，颜荣贵，张子刚．国内外急倾斜矿床开采沉陷研究方法的剖析及优选决策 [J]．矿冶，2002（2），4-8．

[90] 要书其，于健浩，赵学义．新三矿村庄保护煤柱充填开采地表移动变形预计分析 [J]．中国煤炭，2012，37（10）：112-115，127．

[91] 刘书贤．急倾斜多煤层开采地表移动规律模拟研究 [D]．北京：煤炭科学研究总院，2005．

[92] 武雄，徐能雄，田红．包头壕赖沟铁矿开采沉陷规律预测 [J]．煤炭学报，2009，34（7）：887-891．

[93] 张华兴．减少采动损害的工程技术 [C] //中国科协 2004 年学术年会第 16 分会场论文集，2004：394-396．

[94] 张华兴，徐乃忠，胡炳南，等．矿区采动减沉技术 [G]．2003 年度中国煤炭工业协会科学技术奖获奖项目汇编，2004：48-49．

[95] 王慧杰．急倾斜煤层走向壁式开采基本顶垮落规律研究 [D]．太原：太原理工大学，2012：7-8．

[96] 于海涛，王鹏林．浅谈对急倾斜煤层的主要开采方法分析 [J]．黑龙江科技信息，2008（12）：29．

[97] 王守安，温旭友．急倾斜薄煤层走向长壁分带仰斜采煤法采空区矸石充填 [J]．黑龙江科技信息，2009（10）：78．

[98] 李永明，刘长友，邹喜正，等．急倾斜薄煤层胶结充填开采合理参数确定及应用 [J]．煤炭学报，2011，36（5）：7-12．

[99] 杨伦标，高英仪．模糊数学原理及应用 [M]．广州：华南理工大学出版社，2000．

[100] 李学全，李松仁，韩旭里．AHP 理论与方法研究—一致性检验与权重计算 [J]．系统工程学报，1997，12（2）：113-119．

[101] 段立群．建立在模糊数学基础上的综合评估方法 [J]．煤炭技术，2008，27（10）：138-140．

[102] 王明立，胡炳南，程孝海，等．急倾斜煤层开采覆岩破坏与煤柱稳定性数值模拟 [J]．煤矿开采，2005（4）：64-66，88．

[103] 高明中．急倾斜煤层开采岩移基本规律的模型试验 [J]．岩石力学与工程学报，2004，23（3）：441-445．

[104] 温彦良，常来山，张治强．急倾斜煤层开挖岩移规律及对底板巷道布置的影响 [J]．煤炭技术，2011，30（5）：67-69．

[105] 伍永平，张永涛，解盘石．急倾斜煤层巷道围岩变形破坏特征及支护技术研究 [J]．煤炭工程，2012（1）：92-94．

[106] 李良林，陈怀合，聂建湘．近距离煤层开采的矿压显现 [J]．煤炭技术，2004（11）：

51 – 53.

［107］王明立．急倾斜煤层开采岩层破坏机理及地表移动理论研究［D］．北京：煤炭科学研究总院，2009.

［108］杨帆，孔小勇，程光冉，等．数码相机及 T3 经纬仪在相似材料模拟中的应用［J］．辽宁工程技术大学学报（自然科学版），2010，29（4）：579 – 581.

［109］王亮．木城涧反程序开采相似模拟实验和数值模拟研究［D］．阜新：辽宁工程技术大学，2004.

［110］张建兵．复杂难采大倾角煤层开采相似模拟实验研究［J］．内蒙古煤炭经济，2012（6）：45 – 47.

［111］于广明，杨伦，苏仲杰，等．地层沉陷非线性原监测与控制［M］．长春：吉林大学出版社，2000.

［112］戴华阳，王金庄，滕永海，等．急倾斜煤层开采地表非连续变形计算方法研究［J］．煤炭学报，2000，25（4）：356 – 360.

［113］于广明．矿山开采沉陷的非线性理论与实践［M］．北京：煤炭工业出版社，1998.

［114］高明中，余忠林．急倾斜煤层开采对地表沉陷影响的数值模拟［J］．煤炭学报，2003，28（6）：578 – 582.

［115］杨治林．煤层地下开采地表沉陷预测的边值方法［J］．岩土力学，2010，31（增1）：232 – 236.

［116］魏刚．急倾斜煤层开采地表变形的数值模拟研究［D］．阜新：辽宁工程技术大学，2005.

图书在版编目（CIP）数据

急倾斜煤层充填开采围岩变形机理及覆岩运移规律研究／吕文玉，于健浩著．－－北京：应急管理出版社，2021（矿山技术与管理论丛）

ISBN 978－7－5020－8615－2

Ⅰ．①急… Ⅱ．①吕… ②于… Ⅲ．①急倾斜煤层—充填法—采煤方法—围岩变形—研究 ②急倾斜煤层—充填法—采煤方法—岩层移动—研究 Ⅳ．①TD823.7

中国版本图书馆 CIP 数据核字（2020）第 269972 号

急倾斜煤层充填开采围岩变形机理及覆岩运移规律研究

（矿山技术与管理论丛）

著　　者	吕文玉　于健浩
责任编辑	闫　非
编　　辑	孟　琪
责任校对	邢蕾严
封面设计	地大彩印

出版发行	应急管理出版社（北京市朝阳区芍药居 35 号　100029）
电　　话	010－84657898（总编室）　010－84657880（读者服务部）
网　　址	www.cciph.com.cn
印　　刷	北京虎彩文化传播有限公司
经　　销	全国新华书店

开　　本	710mm×1000mm^1/$_{16}$	印张　20	字数　351 千字	
版　　次	2021 年 4 月第 1 版　2021 年 4 月第 1 次印刷			
社内编号	20201723	定价　50.00 元		